国家自然科学基金青年项目(52005350)资助
辽宁省教育厅高等学校基本科研项目(LJKZ0196)资助
航空制造工艺数字化国防重点学科实验室开放基金项目(SHSYS202103)资助

齿轮传动可靠性设计理论与方法

李　铭　佟　操　马洪义　罗　源　张　琦　著

U0338109

中国矿业大学出版社
·徐州·

内 容 简 介

本书划分为两篇,分 10 个章节进行阐述与介绍。第一篇从理论方法角度出发,全面介绍了齿轮结构、强度、振动以及动态可靠性的基本研究现状,系统地阐述了齿轮可靠性分析与设计的理论及方法。第二篇从实例样机角度出发,以某直升机行星轮系为实例对象,详细地介绍了行星齿轮传动系统载荷分析与计算、直升机行星齿轮传动系统偏载行为分析与计算、直升机行星齿轮传动系统疲劳可靠性预测方法。

本书可供从事齿轮类产品设计、制造、试验、使用以及管理的工程技术人员参考研究,也可作为航空航天类机械专业或近机械类专业研究生以及高年级本科生的教材和参考用书。

图书在版编目(CIP)数据

齿轮传动可靠性设计理论与方法 / 李铭等著. —徐州:中国矿业大学出版社,2022.11

ISBN 978 - 7 - 5646 - 5616 - 4

Ⅰ. ①齿… Ⅱ. ①李… Ⅲ. ①齿轮传动－可靠性设计

Ⅳ. ①TH132.41

中国版本图书馆 CIP 数据核字(2022)第 208574 号

书　　名	齿轮传动可靠性设计理论与方法
著　　者	李　铭　佟　操　马洪义　罗　源　张　琦
责任编辑	章　毅　马晓彦
出版发行	中国矿业大学出版社有限责任公司
	(江苏省徐州市解放南路　邮编 221008)
营销热线	(0516)83885370　83884103
出版服务	(0516)83995789　83884920
网　　址	http://www.cumtp.com　E-mail:cumtpvip@cumtp.com
印　　刷	苏州市古得堡数码印刷有限公司
开　　本	787 mm×1092 mm　1/16　**印张** 11.25　**字数** 220 千字
版次印次	2022 年 11 月第 1 版　2022 年 11 月第 1 次印刷
定　　价	48.00 元

(图书出现印装质量问题,本社负责调换)

前　言

　　以齿轮为代表的基础零部件是重大装备的核心和基础,直接决定着重大装备和主机的性能、水平和可靠性,是制约我国重大装备发展的瓶颈。中国要成为装备制造业强国,首先必须成为以齿轮为代表的基础零部件设计制造强国。零部件不"高端",任何成套设备都不可能达到"高端"。因此,大力发展高端齿轮零部件及传动装备的设计技术水平,对提高装备制造业的核心竞争力和自主配套能力具有十分迫切和重要的意义。

　　可靠性理论与方法具有广泛的工程应用价值。在齿轮传动系统的设计准则、材料评价、质量控制和工程安全等方面,齿轮传动的可靠性设计、评价与传统的确定性设计具有显著的不同。本书较为系统地介绍了齿轮传动的可靠性基本理论与方法,在内容安排上采用先进、适用、完整的原则,剖析了齿轮传动相关的可靠性方法在发展过程中出现过的,或是目前仍存在的值得商榷的概念和观点,着重阐述了齿轮传动可靠性问题的特殊性与复杂性、传统齿轮系统可靠性模型的适用性和局限性,据此提出解决齿轮零件与齿轮系统可靠性问题的思想方法。在齿轮零件可靠性方面,拓展了传统干涉分析的概念;在齿轮系统可靠性方面,比较详细地介绍了系统工程思想方法的应用和最新研究成果,基于响应面法、MCMC法、Kriging模型法、子集模拟法、过程超越理论等,提出了齿轮传动可靠性研究的新方法与新模型,反映了齿轮传动可靠性研究的最新进展。

　　我国齿轮行业的现状是:一方面,创新能力明显增强,配套能力不断提升,齿轮产品正从中低端向高端转变,兆瓦级风电增速齿轮箱等一部分高端产品已经达到国际先进水平;另一方面,我国大多数齿轮产品在功率密度、可靠性和使用寿命上与国际先进水平仍存在很大差距,高端齿轮产品仍大量依赖进口,对外贸易逆差巨大。2015 年,国务院印发了《中国制造 2025》,提出实施中国制造强国建设"三步走"战略。制造强国建设要求齿轮产业由"齿轮制造"升级为"齿轮智造"和"齿轮创造",实现由大到强的转变。愿本书的出版能为我国高端齿轮传动装备的可靠性理论与方法的发展贡献绵薄之力。

由于作者水平有限,书中疏漏之处在所难免,敬请读者批评指正。

著 者

2022 年 9 月

目　　录

第一篇　齿轮传动可靠性

第二篇　实例分析

第一篇
齿轮传动可靠性

第1章　齿轮传动可靠性概述

1.1　背景与意义

　　齿轮传动是目前最常见的一种机械传动形式,与其他传动形式相比,齿轮传动具有功率范围大、传动效率高、圆周速度快、传动比准确、使用寿命长、结构尺寸小等一系列优点。近年来,虽然其他传动零部件的制造技术与电传动技术有了较大发展,但在各类机械领域中占主导地位的传动形式仍为齿轮传动。

　　行星齿轮传动作为齿轮传动的典型代表形式,已被大量应用于各重要领域,特别是那些要求质量小、结构紧凑、传动效率高、服役寿命长的传动设备中都有行星齿轮传动的身影。与普通齿轮传动相比,行星齿轮传动具有许多优点,它可实现大传动比的变速传动、可实现结构紧凑的大功率传动、可实现运动的合成与分解。行星齿轮传动可以采用几个均匀分布的行星轮同时传递运动和动力,这些行星轮作用在中心轮上的径向力可以相互抵消,故主轴受力小、传递功率大。另外,由于采用了内啮合形式,充分利用了传动空间,且输入轴和输出轴在同一条主轴线上,行星齿轮传动的空间尺寸要比相同条件下的普通齿轮传动小得多。在一些实际应用中,行星齿轮传动已被用来代替普通齿轮传动,作为各种机械传动的减速器、增速器和变速器。

　　在航空领域,行星齿轮传动的应用十分广泛,图 1-1(a)所示为直升机主旋翼减速器中的行星齿轮传动装置,图 1-1(b)为螺旋桨飞机主减速器中的行星齿轮传动机构,图 1-1(c)为民航涡轮风扇发动机中的行星齿轮传动系统,它们都具有在降低转速的同时放大扭矩的功能。由于飞机的发动机与螺旋桨之间的转速差较大,因此对减速器的传动比要求很高,行星齿轮传动不但可以达到很高的传动比,同时结构也十分紧凑,所以很适合装配在飞机上。由此可见,行星齿轮传动的独特优点也赋予了它特殊的使命,在这些重要的机械设备中,它不可替代地完成了传动任务。因此,一旦行星齿轮传动发生故障,影响了整个传动系统的动力传输功能,就可能导致恶劣的事故,甚至给生命和财产造成巨大的、无法挽回的损失。

（a）直升机主旋翼减速器中的行星齿轮传动装置　　　（b）螺旋桨飞机主减速器中的行星齿轮传动机构

（c）民航涡轮风扇发动机中的行星齿轮传动系统

图 1-1　行星齿轮传动的重要应用

　　1985 年 2 月至 1986 年 3 月,某型号航空发动机中央行星齿轮传动在飞行任务中先后导致了 4 次二等事故,该齿轮机构在研制过程中曾经两次在台架试车中发生断裂失效,由于对断裂原因与机理没有进行深入系统的分析,因而未采取任何改进措施,在飞行中导致了严重后果。再如,风电主齿轮箱如果发生损坏尤其是行星齿轮传动发生故障,必须将齿轮箱从高空机舱吊装至地面并运回工厂维修,费用高昂且周期较长,降低了机组的发电效率,同时会对整个电网造成影响。可见,在这些重要的传动设备中,行星齿轮传动系统的机械性能尤其是服役寿命与可靠性非常重要,因此,相关的可靠性设计与维护方法就需要不断完善和提高。

　　研究表明,之所以出现上述由于齿轮失效而造成较大损失的情况,主要是由于传统的齿轮结构分析通常采用确定性的力学模型进行分析与设计。在这类模型中,所采用的计算结构物力学响应的参数是一些确定量,忽略了实际齿轮结构系统内部的变异性和随机性。只有在实际系统关于这类模型系统的变异性较小或各部分变异比较均匀时,上述分析才能给出较为符合真实情况的结果。否则,传统的工程结构系统识别结果必然是对实际系统有偏差的估计结果。

为了减小由于齿轮失效而导致的恶劣后果,对齿轮传动系统的可靠性分析与预测是一个不可或缺的设计环节。齿轮传动系统是一个复杂的变构系统,在工作过程中参与啮合的轮齿随时间的变化而不同,因此其可靠性分析方法相对于链条式的串联系统而言要复杂得多。对于行星齿轮传动系统而言,齿轮之间的相对运动关系、相互作用机制十分复杂,因此在可靠性研究工作中需要考虑的因素更多。总的来说,可靠性受载荷因素和强度因素的共同影响,对载荷和强度信息的精确获取是可靠性研究的关键。

在载荷研究方面,行星齿轮传动的偏载问题已经得到了越来越多的关注[1-5]。如果行星齿轮系统中每个行星轮上分到的载荷相等,则系统中所有轮齿的受力会有效降低,中心轮上的径向力也会相互抵消,这样不仅保证了齿轮的服役寿命,同时也降低了轴承的径向支撑要求。然而,在行星齿轮传动的设计过程中,如果忽略了行星轮的偏载问题(每个行星轮上分配到的载荷不相等),它的优势就不能很好地发挥出来。一旦偏载达到某种程度,一些齿轮将会出现过载现象,实际载荷超过设计载荷容量,应力达到或超过疲劳极限,最终导致齿轮或轴承发生早期失效。偏载会恶化行星齿轮传动的载荷环境,降低整个传动系统的运行平稳性和服役可靠性。目前,关于行星齿轮传动偏载特性的研究,主要考虑的影响因素包括均载方法与均载机构的选择、支承结构与齿轮的弹性变形、系统输入载荷的大小、行星架与行星轴的制造和装配精度、行星轮的数量以及内齿轮的柔性等。事实上,由于不可避免的制造与装配误差、支承构件的弹性变形等原因,无论采用何种方法预防偏载,行星齿轮传动的偏载问题是无法被彻底消除的。因此,深入研究行星齿轮传动的偏载条件对其可靠性的影响是十分必要的。目前,已有一些关于各类行星齿轮传动系统的可靠性研究工作,但涉及偏载对其可靠性影响的研究并不多见,也没有涉及两者之间定量关系研究的相关文献。

在实际的工作条件下,服役载荷常常具有明显的随机性,载荷的随机性会使零件之间表现出一定程度的失效相关性。在对齿轮系统进行可靠性预测时,如果应用传统的可靠度乘积定律将相关齿轮的可靠度相乘得到齿轮系统可靠度,就可能使计算结果偏离实际甚至会出现明显的错误。因此,在可靠性建模过程中,需要充分体现出随机载荷作用下零件失效的概率统计相关性,这样才能获得可靠的预测结果。

在强度研究方面,疲劳强度的获得一直是可靠性研究的难题,本书是国家自然科学基金青年项目(52005350)、辽宁省教育厅高等学校基本科研项目(LJKZ0196)、航空制造工艺数字化国防重点学科实验室开放基金项目(SHSYS202103)研究内容的组成部分,在项目的资助下完成了大量的齿轮疲劳试验,为可靠性研究工作提供了充足的强度信息。

通过对行星齿轮传动系统的载荷特性和可靠性预测方法的详细研究,可以为其支承结构的优化、均载机构的选择以及构件尺寸公差带的确定等提供设计依据。此外,准确的可靠性预测也为行星齿轮传动系统的故障排除以及维护方案的制定等提供有效理论指导,同时也是维护生命与财产的有力保证。

1.2　齿轮传动系统可靠性研究现状

机械可靠性设计曾被看作是机械设计领域的革命性变化,是安全设计思想和设计准则的重大改变。然而,可靠性理论方法体系目前尚不能完全满足工程应用需求,还处于发展过程之中。许多发达国家都把可靠性列为 21 世纪具有重要影响的战略高新技术。在机械工程领域,随着产品本身功能复杂性的增加、市场对产品质量要求的提高、人们对安全与环境问题的日益关注以及社会可持续发展的需要,可靠性设计、可靠性制造、以可靠性为中心的维护维修等概念、理论、方法、模型以及相关技术都在逐渐完善,其重要性与应用价值也得到越来越多的体现。

不同领域的可靠性问题有各自不同的特点。人的可靠性问题与设备可靠性问题不同,软件可靠性问题与硬件可靠性问题不同,机械系统可靠性问题与电子系统可靠性问题也不同。不同系统、不同失效机理需要不同的模型,甚至不同的概念、不同的定义。如果不加区别地直接应用传统的方法与模型,或做出不合理的假设,都会导致可靠性设计、分析、评价失去应用价值,甚至导致错误的结论。

可靠性是一个相对年轻的学科,还处于发展时期,目前常用的一阶矩方法、二阶矩方法、响应曲面法等可靠性分析、计算方法能在一定的精度范围内解决一些问题,但在许多复杂的工程实际场合还远不能满足应用需求。在系统可靠性方面,根据传统模型对大规模串联系统进行的可靠性分配,常会出现极不合理、极不现实的结果。再者,可靠性理论与方法主要是在电器工程领域发展起来的,至今还带有电器工程的烙印。例如,零部件之间、不同失效模式之间失效是相互独立的,寿命服从指数分布,失效率为常数等。由于机械系统及其零部件与电子系统及其元器件在失效机理、载荷特点等方面都有明显的不同,在机械可靠性方面需要研究、发展、完善的内容更多。

在齿轮零件及齿轮传动系统的可靠性研究方面,由于它们与其他机械设备有许多本质的区别,如果没有对这些特性进行充分考虑,可能会导致研究结果与实际严重不符。齿轮传动系统是明显的串联系统(任何一个齿轮零件的失效都会影响整个传动系统的工作能力),但在系统与零件之间的关系、系统实现功能的方式以及系统的时间属性等方面都与传统意义上的串联系统有明显的不同。在传统的可靠性研究中,一般是将一个齿轮看作一个零件,或把各个轮齿作为零件而将齿轮作为一个普通的串联系统,并没有考虑到齿轮在运转过程中轮齿交替啮合的特性,关于齿轮及齿轮系统可靠性问题的特殊性,目前已有的研究还很少,更没有建立起专用的方法和特有的模型。另一方面,在不同的结构参数、不同的载荷环境以及不同的失效模式下,齿轮传动的可靠性研究方法与模型都可能会明显不同。例如,对于轮齿弯曲疲劳失效来说,起始失效一般会发生在某一个轮齿上,然后引起临近轮齿的失效,对于这种失效形式,齿数的概率特性会显著影响齿轮的可靠性,在对齿轮及齿轮系统进行可靠性分析与预测时应充分考虑;对于齿面接触疲劳失效而言,当传动系统外部载荷具有明显的随机特性时,相互啮合的轮齿之间将表现出明显的失效相关性,在这种情况下,如果再根据传统理念假设齿轮系统中各个齿轮的失效是彼此独立的,就可能导致可靠性预测结果严重偏离实际。

1.2.1　疲劳可靠性方法研究现状

传统可靠性研究多以静强度失效问题为背景。应力和强度干涉模型可以方便地计算静强度失效概率与可靠度,但严格地讲,涉及的是一次性载荷引起失效的情形,计算的是一个静态的概率指标,没有直接反映出可靠度随时间的变化。借助泊松随机过程可以表达载荷多次作用对可靠性的影响,能够反映载荷作用次数对零件及系统可靠性影响的模型。但涉及强度退化时,强度退化过程与载荷历程相关,变幅载荷历程下的强度退化规律复杂,需要更完善的模型。

机械零部件常见的失效是复杂载荷环境下的疲劳、腐蚀、磨损等。这类与时间相关的失效与静载失效(或称静强度失效,强度性能不随时间变化,因而强度性能与时间无关)有许多不同之处,需要不同的分析方法与模型。由于涉及损伤累积和时间因素,尤其是损伤速率、剩余强度、损伤临界值等,它们与载荷历程直接相关,在疲劳等失效问题中,不像静载失效问题那样可以认为强度(对应于指定寿命的疲劳强度或载荷作用一定次数后的剩余强度)与载荷相互独立,这也使得疲劳可靠性问题比静强度可靠性问题更复杂。

事实上,若要用应力-强度干涉模型计算疲劳可靠度,即使只考虑具有不确定性的恒幅循环应力条件下(不涉及复杂载荷历程及相应的疲劳损伤累积问题)的疲劳可靠性问题,也需要知道指定寿命下的疲劳强度分布(用以代替传统干涉模型中的静强度分布)。然而,严格地讲,给定寿命下的疲劳强度分布无法通过试验准确地确定。通过数学推导出给定寿命下的强度分布也有很多障碍。此外,还涉及剩余强度与载荷历程的相关性问题。

由于给定应力水平下的疲劳寿命分布可以由试验得到,人们很早就试图从给定应力水平下的疲劳寿命分布推导出指定寿命下的疲劳强度分布。威布尔早在 1961 年就提出,在 S-N 曲线上任一点的疲劳强度破坏概率与疲劳寿命破坏概率相等的猜测。傅惠民[6]论证了 P-S-N 曲线上任一点的疲劳寿命破坏概率与疲劳强度破坏概率在数值上相等,就威布尔分布的情形推导出了疲劳寿命概率分布与疲劳强度概率分布之间的关系式。然而,这种方法的应用常常受到数学困难的限制。有学者针对疲劳可靠性问题,拓展了干涉分析的概念,提出了直接根据应力分布和寿命分布计算可靠度的分析模型[7]和统计平均算法[8-9]。

对于恒幅循环载荷下的疲劳寿命分布规律,已有很多试验研究表明疲劳寿命的分散性与循环应力水平有明显的关系,即随着循环应力水平的降低,疲劳寿命的分散性增大。复杂载荷历程下的疲劳寿命分布规律更加复杂,相关研究工作也较少。关于疲劳寿命概率分布遵循的形式,有研究表明对数正态分布优于两参数威布尔分布。然而,与对数正态分布对应的失效率函数却是一条单峰曲线,似乎暗示对数正态分布并不是描述疲劳寿命的理想分布形式。

关于复杂载荷历程下的疲劳可靠度计算,D. Kececioglu 等[10]提出过称之为寿命等效-条件可靠度模型的递推计算方法;L. Y. Xie[11]提出了以剩余寿命分布为根据的损伤等效递推方法。但总的来说,这类方法都是简单的近似方法,是对载荷循环数-疲劳寿命干涉模型的扩展应用,只能应用于一些简单情形。

工程实际中的载荷大多是复杂的随机载荷-时间历程。在复杂载荷历程下的疲劳可靠性研究方面,疲劳可靠性分析、计算方法可以划分为以功率谱为基础的方法和以循环计数为基础的方法。

传统上,大多数基于谱密度的方法都假设载荷是一个稳态高斯过程。在这类方法中,不规则的载荷历程被表达为一个稳态随机过程,用谱密度来描述。这种方法使用精确或近似分析公式把疲劳损伤与载荷随机过程的谱密度联系起来[12]。有研究者提出了评价稳态宽带非高斯过程载荷下循环应力分布和疲劳损伤的方法,反映了这个方面的发展[13]。显然,以功率谱为基础的方法难以反映载荷作用顺序对疲劳损伤的影响,对于描述疲劳可靠性问题有明显的局限性。

以载荷历程循环计数为基础的疲劳可靠性分析方法可分为当量载荷法和累积损伤法[14]。当量载荷法是将复杂载荷历程"等效"转换为恒幅循环载荷,但真正的等效难以做到;通过损伤程度-损伤临界值干涉分析计算疲劳可靠度,在概念上没有问题,但损伤临界值与应力水平有关,临界损伤分布难以确定。

有关复杂载荷下的疲劳可靠性分析方面的研究还在不断发展。熊峻江等[15]、周迅等[16]、Z. M. He 等[17]都研究了用于随机载荷作用下构件疲劳寿命可靠性分析的二维应力-强度干涉模型。胡俏等[18]提出了复杂随机载荷的纵向分布与横向分布等概念以及以相对 Miner 法则为基础的疲劳可靠度计算方法。林文强等[19]根据两级载荷下的疲劳剩余寿命的分布规律试验,展示了在非恒幅载荷作用下,不管载荷循环次数多小,即无论是否已有疲劳失效出现,其剩余寿命分布参数的均值和标准差都将发生明显变化。并根据两级循环载荷作用下剩余疲劳寿命分布规律的试验结果,以描述剩余寿命分布变化的数学模型为基础,提出了一个根据复杂载荷历程作用下零件状态变化预测随机载荷下疲劳可靠度的方法,应用这个方法可以根据已知的材料或零件的原始 P-S-N 曲线,借助剩余寿命分布模型和载荷循环数-疲劳寿命干涉分析计算随机载荷作用下的疲劳可靠度,但不能精确反映载荷历程的不确定性。

也有文献从损伤干涉分析的角度计算疲劳可靠度。H. Karadeniz[20]在一般意义上阐释了海洋平台结构谱载荷疲劳损伤可靠性计算的不确定性建模问题,详细分析了源于结构的不确定性和源于载荷及环境的不确定性,将损伤的固有不确定性划分为由应力统计特性引起的部分和疲劳现象的损伤模型自身部分。在具体计算疲劳可靠度时,应用的是损伤干涉模型,但并没有提出容许损伤(临界损伤)的概率分布模型,只是提到"容许损伤分散性很大,应该作为一个独立的随机变量处理"。

还有研究者建立了基于剩余强度退化规律的可靠性模型。Y. S. Petryna 等[21]针对具有老化失效机制的混凝土结构的疲劳可靠性问题提出了循环载荷条件下的疲劳损伤模型,同时指出疲劳环境下的结构可靠性问题是一个非常复杂的问题,其中涉及诸如损伤与连续介质力学、非线性结构分析与概率可靠性理论等不同学科领域的内容,而目前大多数的研究还都限于相对简单的情形——只考虑一个截面上的局部损伤,并将其与整体的极限状态相联系。

由于问题的复杂性,研究者正在从不同的角度应用不同方法,试图更好地解决复杂载荷条件的疲劳寿命可靠性计算问题。各种新方法都在可靠性问题中有所尝试,并建立了相应的模型。这些模型包括随机有限元法模型、概率与非概率混合可靠性模型、基于遗传算法和神经网络的可靠性模型等。李超等[22]通过引入信息理论,建立了定量综合评价寿命统计分布的信息量模型。黄洪钟等[23]、董玉革[24]、吕震宙等[25]应用模糊数学建立了模糊可靠性模型。赵永翔等[26]提出了考虑疲劳本构随机性的结构疲劳可靠性分析方法。王光远等[27]研究了多状态零件及系统可靠性问题。

对于疲劳可靠性问题的基本要素,即复杂随机载荷-时间历程的统计特性及其表述方法以及复杂载荷历程下的疲劳寿命分布规律,这两个方面的研究鲜有报道。有关载荷(或应力)的统计特性的表达,基本上都只涉及恒幅循环载荷,或等效转换为恒幅循环载荷,以及以首次穿越方法为背景的极限载荷分布统计。H. Y. Wang 等[28]提出了一种描述复杂随机载荷历程的方法,但只是通过平均水平因子和幅度因子两个随机参数表达载荷的随机性,过于简化。疲劳寿命分布研究也多是在恒幅循环应力或多级循环应力下进行的。

越来越多的研究工作涉及零件或系统的老化问题[29-32],主要包括:在充分考虑非临界损伤对临界失效影响的条件下描述系统的多级失效,通过计算临界失效事件和非临界失效事件的并集得到更为合理的系统可靠性评估结果;系统的非整数阶失效问题探索性描述;采用多状态失效树多状态故障树(Multi-state Fault Tree,MFT)近似构造连续状态系统的可靠性模型等。

1.2.2 齿轮传动系统可靠性研究现状

齿轮传动性能会显著影响整个传动系统的运行平稳性和服役可靠性,在一些重要的传动设备中,齿轮传动系统的可靠性分析与设计是不可或缺的研究过程,如果忽略了这个步骤,就可能会造成严重的生命与财产损失。对于齿轮传动系统的可靠性分析和预测,已有大量的相关研究,L. Y. Xie 等[33]定义了时域串联系统的概念,详细阐释了齿轮传动系统作为串联系统的特殊性,并提出了一个齿轮传动系统可靠性建模的独特而有效的方法。Q. J. Yang[34]研究了线性累积损伤理论在齿轮系统可靠性设计中的适用性。Y. M. Zhang 等[35]提出了一个齿轮副可靠性设计的随机扰动方法。G. Y. Zhang 等[36]研究了应力-强度干涉理论在齿轮系统可靠性计算中的应用。A. R. Nejad 等[37]研究了风电齿轮在长期风载下的齿根弯曲疲劳损伤计算方法,并对风电齿轮传动系统进行了可靠性分析与计算。Y. F. Li 等[38]使用逻辑图完成了风电设备中通用齿轮系统的可靠性评价。A. Guerine 等[39]研究了参数具有不确定性的齿轮系统的动态统计响应。I. B. Mabrouk 等[40]考虑了输入气动力矩性能系数的不确定性,提出了一个用于确定风电齿轮传动系统动力学响应的模型。A. R. Nejad 等[41]在考虑了载荷及其效应的不确定性的基础上,提出了一种用于风电齿轮传动系统的可靠性和概率寿命计算方法。目前,有关齿轮传动系统可靠性方面的研究工作大部分是基于动力学理论进行的,相应的可靠性模型也都比较复杂。由于齿轮传动系统是一个复杂的变构系统,在工作过程中参与啮合的轮齿随时间的变化而不同,因此其可靠性研究方法具有一定的特殊性。已有的研究对变构特性的表达不是十分充分,而且很多都是在系统中各零件失效相互独立的假设条件下进行可靠性分析与建模,混合了载荷分散性与强度分散性各自的贡献,掩盖了载荷分散性对系统失效相关性的特殊作用。

机械装备的可靠性与其零件可靠性之间关系的复杂程度不仅与结构形式有关，还在很大程度上取决于载荷环境，或者说载荷的复杂性。在机械失效问题中，各零件的强度一般可以认为是相互独立的，但零件强度相互独立并不意味着各零件的失效相互独立，因为失效是载荷与强度相互作用的结果。在对齿轮传动系统进行可靠性分析的过程中，应该认识到载荷普遍存在的随机性会使齿轮之间产生明显的失效相关性，然而，在一些研究中并没有很好地区分开载荷的复杂性和不确定性，同时也没能充分反映出齿轮传动系统的载荷条件和失效模式的复杂性。

典型的零件或系统失效概率分析方法是借助载荷-强度干涉模型计算零件的失效概率，或通过试验数据估计零件的失效概率，然后在系统中各零件失效相互独立的假设条件下，根据系统的逻辑结构（串联、并联、表决系统等）建立系统失效概率模型。然而，由于在零件失效概率计算或试验观测过程中没有或不能区分载荷分散性与强度分散性的不同作用，虽然能得到零件失效概率这个数量指标，但混合了载荷分散性与强度分散性各自的贡献。因此，由零件失效概率直接构建出的系统失效概率模型（一般都需要零件独立失效的假设）不能反映失效相关性的重要作用。

机械系统的失效与可靠性问题远比电子系统的失效与可靠性问题复杂。产生复杂性的原因有零件的非完全失效及其对系统失效的影响、系统中各零件失效的相关性、系统多种多样的失效状态等。例如，共因失效（Common Cause Failure，CCF）这种在系统中广泛存在的、无法显式地表示于系统逻辑模型中的、对系统失效具有重要潜在影响的零件之间的失效相关性，使得简单的串联、并联等经典系统可靠性模型在机械系统的可靠性分析中变得苍白乏力。

现在已经认识到，对于机械系统而言，"相关"是其失效的普遍特征，忽略系统各部分失效的相关性，简单地在各部分失效相互独立的假设条件下进行系统可靠性分析与设计，常常会导致过大的误差，甚至得出错误的结论。已有研究指出，对于电子装置，这样的假设有时是不正确的；对于机械结构，这样的假设几乎总是错误的。

CCF 是首先在核电站的概率风险分析中提出来的。有研究报告指出，核反应堆安全系统不可用性的 $20\%\sim80\%$ 起因于 CCF。为此而提出的 β 因子模型、α 因子模型、MGL 模型、BFR 模型等都得到了不同程度的应用。然而，这些模型都是以 CCF 事件为基础的经验公式，缺乏严密的理论基础。事实上，由于绝大部分有关的研究都是把 CCF 作为独立于系统一般失效行为之外的特殊事件来考虑的，因而未能全面、深刻地去认识和理解 CCF 问题。也有研究者正在尝试不同于传统方式的 CCF 分析方法[42]。另外,不仅在冗余系统中存在 CCF 问题,在其他串联、并联系统中也同样存在 CCF 问题[43]。L. Y. Xie[44] 比较系统地研究了系统零部件之间的失效相关性问题。

分析表明,对于各零件处于同一载荷环境的系统,环境载荷的随机性是导致系统产生 CCF 的最基本的原因。在一般情况下,环境载荷和零件性能都是随机变量,因而各类系统都不同程度地存在 CCF 这种失效相关性。通过机理分析,原则上可以认为任何系统失效概率(无论有无 CCF 存在)都可以采用由环境载荷-零件性能干涉分析建立的具有普适性的模型进行预测。

1.3 行星齿轮传动偏载研究现状

所谓行星齿轮传动偏载,是指输入中心轮传递给各个行星轮的载荷大小不相等。如图 1-2 所示,设太阳轮上的输入转矩为 T_s,在理想的制造与装配精度以及支承刚度条件下,太阳轮的轮齿会同时与三个行星轮的轮齿相接触,则各个行星轮对太阳轮的法向作用力 F_{s1}、F_{s2} 和 F_{s3} 的大小是相等的,它们可以组成一个力的等边三角形,即各个行星轮作用于太阳轮上的力的主矢为零,其主矩的大小则等于输入转矩 T_s,因此,太阳轮可以无径向载荷地传递转矩。但是,在没有采取任何均载措施的情况下,实际上行星轮间的载荷分配是不相等的,即使采用了某种均载机构,在实际的运行过程中行星轮间的载荷分配也并非是完全均衡的。事实上,由于不可避免的制造与装配误差,以及支承构件的弹性变形等原因,各个行星轮与中心轮之间的轮齿侧隙并不相等,因此在运行过程中,如果中心轮或行星架的轴线不能自由偏转来实现状态的调整,就可能出现中心轮仅与个别行星轮接触的情况,这将导致个别齿轮的受力增加,使行星齿轮系发生偏载。

起初,为了消除偏载,人们努力提高行星机构的加工精度,但却使它的制造和装配变得困难。随后又采用各种均载机构力求使行星轮间载荷分配均匀,但在实际运行过程中仍会出现各种偏载问题。由此可见,对行星机构偏载特性的研究与掌握具有重要的意义,这也是充分发挥行星传动优势的重要保证。

已有一些学者对行星齿轮系的偏载问题进行了研究。T. Hidaka 等[45-47] 通过试验与理论分析表明,只有在至少一个中心轮处于浮动的条件下,行星齿轮系才会有一个较好的载荷分配状态,H. W. Muller[48] 也得出了同样的结论。D. L. Seager 等[49-52] 强调了支承条件对改善行星齿轮系载荷分配状态的重要性。T. Hayashi 等[53] 通过试验说明了增加行星齿轮系的输入转矩可以改善其载荷

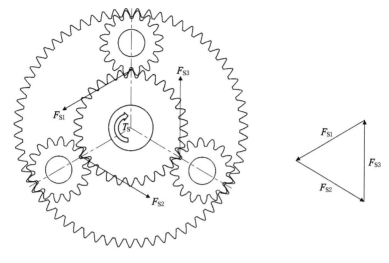

图 1-2　均载状态下力的等边三角形

条件。A. Kahraman[54]提出了一个离散模型,研究了行星架销孔的位置误差与
行星轮运动误差对偏载的影响,同时他还提出了一个计算行星轮间静态载荷分
配的模型,并通过试验对模型进行了验证。之后,A. Kahraman 等[55]考虑了内
齿轮的柔性并对之前的研究进行了深化。A. Bodas 等[56]提出了一个行星齿轮
系的柔性体模型,从理论上证明了行星轮数量越多,偏载对机构的制造与安装误
差越敏感,A. Singh[57]用一个三维模型证明了类似的结论。

1.4　齿轮试验技术研究现状

随着科学技术的飞跃发展,人们对齿轮的性能、强度、可靠性、成本等提出了
越来越高的要求。在齿轮传动的理论分析方面,数学、力学、材料科学等新方法
不断涌现,同时,齿轮试验技术也受到重视并得到了进一步发展。特别是在试验
的测试技术方面,对声学、光学、电子学等现代技术的应用,使过去一些难以定量
研究的问题,如齿面的弹性流体动力润滑参数、轮齿的微量弹塑性变形、齿面失
效状态的监测等找到了接近于实用的测试方法。使齿轮传动的理论研究工作有
了进一步发展,同时使齿轮产品的质量得到了提高。齿轮传动的大量问题是多种
影响因素的综合体现,对于这些问题的理论分析与数学计算,精度难以保证或是计
算过程复杂,只有通过试验才能得到理想的结果。国际标准化组织(International
Organization for Standardization,ISO)对齿轮承载能力计算方法综合了已有的
大量研究成果,其中的许多系数和各种材料的轮齿疲劳极限应力都是在大量的

试验基础上获得的。可以这样说,齿轮传动技术的发展与问题的解决在很大程度上依赖于先进试验技术的应用。

由于上述原因,国外的齿轮试验研究很早就受到了重视并得到了较快发展。早在1931年,美国机械工程师学会(American Society of Mechanical Engineers,ASME)齿轮强度专门委员会就对不同齿轮材料的表面疲劳特性进行了大量的试验研究。从1946年起还进行了长达15年之久的轮齿弯曲疲劳试验研究,作了大约三万多个齿轮轮齿的试验,试验结果被美国齿轮制造商协会(American Gear Manufacturer's Association,AGMA)所采用。随后,美国国家航空太空总署(National Aeronautics and Space Administration,NASA)的Lewis研究中心成为重要的齿轮试验研究机构。这个机构研究的内容比较广泛,主要集中在对齿轮的热特性和热动力学的研究上,因此在齿轮的冷却特性、温度场、齿面温度、热变形等方面的理论与试验研究都取得了重要的进展。国际上最著名的齿轮研究机构是由G. Niemann教授于1951年在慕尼黑大学创建的齿轮研究室(Forschungsstelle für Zahnräder und Getriebebau,FZG)。这个研究机构从建立时起就非常重视试验研究,由此研究室设计的著名的FZG齿轮试验机仍然沿用至今。同时,此研究室为ISO提供了大量的试验数据,这些数据已成为齿轮承载能力计算标准的基础。

我国全面开展齿轮的试验研究工作起步较晚,1979年,北京科技大学、郑州机械研究所和北京市机电研究院等单位组成了齿轮研究小组,用3年时间试验了200多对齿轮,对我国球铁齿轮的承载能力进行了全面的试验研究。此后,齿轮的试验研究有了较大的进展,如各种软、硬齿面的钢齿轮极限应力的测定,轮齿的变形和刚度、油膜厚度和齿面瞬时温度等的测定都取得了初步的成果。现已有大量的关于齿轮试验方面的具体研究工作。D. Hanumanna等[58]研制了一台齿轮弯曲疲劳试验设备,并分别在随机载荷和恒幅载荷下对轮齿的强度进行了测试。李铭等[59]对国产JG-150齿轮试验机进行了升级,将大量先进的传感器装配在试验机上,实现了精确计数、准确测温、断齿自动停机等功能,并对大量的齿轮试样进行了弯曲疲劳与接触疲劳试验。还有一些学者使用高频疲劳试验机对轮齿的弯曲疲劳强度进行了测试,并将试验结果应用于不同的理论与模型中。

第2章 可靠性分析基本方法

2.1 相关领域研究现状

2.1.1 结构可靠性研究现状

1947 年,有学者提出"结构安全度"的概念,为结构可靠性奠定了理论基础。使人们充分意识到实际结构的随机因素,将概率分析和概率设计的思想引入到了实际工程。同年,苏联学者提出了一次二阶矩的基本概念,并提出了计算结构失效概率的方法和计算可靠性指标的公式。1968 年,R. L. Disney 等[60]给出了多种常用应力、强度分布的各种组合下的可靠度计算公式。1969 年,C. A. Cornell[61]提出用可靠性指标 β 作为度量结构可靠性的指标,并建立了计算结构安全度的二阶矩模型。1974 年,A. M. Hasofer 等[62]提出了一种根据失效面定义失效模式的可靠性指标,这就是改进的一次二阶矩法。1978 年,D. Kececioglu[63]提出了基于干涉模型的疲劳强度可靠性设计方法,并在工程上得到广泛应用。同年,R. Rackwitz 等[64]提出"当量正态化"方法,对改进的一次二阶矩法进行修正,将改进的一次二阶矩法适用范围扩大至非正态变量情形。1984 年,赵国藩[65]提出了适于非正态变量可靠度分析的方法,在国内较早地开展了可靠度理论方面的研究工作。K. Breitung[66]在 1984 年提出二阶可靠度法,二阶可靠度法可以对一阶可靠度法的分析结果进行二次修正。1994 年,李云贵等[67]提出了在广义随机空间内分析相关随机变量的可靠度问题,并应用拉普拉斯积分理论给出了可靠度渐近分析方法。贡金鑫等[68]提出通过功能函数非线性程度来自动调节迭代步长的方法,实现了对迭代过程和收敛性的控制,是一个较为通用的可靠指标计算方法。随着可靠性技术被不断引入汽车、航空、航天、发电设备等方面,结构失效模式的极限状态方程往往是隐式的和高度非线性的,这时,上述方法已经不再适用。对于这类问题,最常用的方法可以采用 Monte Carlo(蒙特卡洛)法来解决,Monte Carlo 法以大数定律和中心极限定理为理论基础,是一种高精度的可靠性研究方法,然而其庞大的计算工作量限制了 Monte Carlo 法的应用,通常只用于验证其他方法的有效性。尤其当系统失效概率较小时,为了保证足够的可靠度估计值(即较小的变异系数),Monte Carlo模拟时间会成倍增长,因此,很难在短时间内对小失效和隐式功能函数问题进行可靠性分析。有研究发现,复杂结构的可靠性分析问题存在两大挑战:其一,由于设计人员倾向安全和保守的设计,会采用较大的安全余度,也就是说,这种结构产品的可靠性是非常高的,对这样的可靠性水平进行Monte Carlo随机模拟法来进行评估,需要极大的抽样点数,故小失效概率问题是目前的可靠性研究的重点之一;其二,在工程中的产品,其极限状态函数往往是隐式的,例如对齿轮系统,要得到系统的动态特性,需要借助数值计算方法来进行求解,为了能够得到更加真实的结构响应,往往增加系统模型的复杂度以提高计算精度,每一次仿真都需要大量的计算时间。因此,也很难通过大量的Monte Carlo模拟计算来计算系统可靠度。

对于第一个问题,研究者提出了各类方差递减技术,例如重要抽样法、方向抽样法、子集模拟法等,这些方差递减技术虽然能够在一定程度上可以降低一定的样本量,但是由于各类方法自身适用性的限制,例如抽样函数的选取影响着重要抽样法的抽样效率和精度、子集模拟计算精度受其样本点关联性的影响等。对于第二个问题,目前的研究热点更倾向于建立更加复杂更贴近实际的模型,例如对于齿轮传动系统,由纯扭转模型逐渐变为弯扭模型,再到弯扭轴模型或弯扭轴摆模型,其复杂度和计算量在逐渐增加,为了解决计算量大的问题,研究者通常采用的办法是一阶矩法或二阶矩法进行可靠性分析,但是由于一阶矩法或二阶矩法本身存在潜在的误差,难以保证计算结果的精度。

随着科学技术的发展,结构复杂程度逐渐提高,可靠性分析已经成为关系产品安全性的重要因素之一,结构可靠性理论也在其他学科的推动下,呈现出良好的发展趋势,可靠性的研究工作受到了科研工作人员的广泛关注。

2.1.2　齿轮可靠性研究现状

齿轮传动作为一种重要的动力传输和运动传递的装置,齿轮的失效会造成整个机器系统灾难性的后果,造成人力和财力的损失,因此齿轮的可靠性十分关键。齿轮可靠性研究大约始于20世纪70年代。1976年,NASA在Lundberg-Palmgren(朗德贝格-帕姆格林)公式基础上给出了齿轮接触疲劳寿命和承载能力的关系式。S. Rao等[69]将许用应力、主动齿轮转速、功率、中心距等变量视为正态分布的随机变量,分析了齿轮系统的可靠性,并根据分析结果对系统进行了可靠性优化设计。吴波[70]根据齿轮接触疲劳和弯曲疲劳安全裕度的相关性,考虑接触疲劳和弯曲疲劳两种失效形式,建立了齿轮多失效模式的可靠性模型。

N. S. Vagin 等[71]基于接触强度标准和轮齿磨损,提出了一种密封谐波齿轮传动可靠度的计算方法。N. Kazuteru 等[72]运用 Monte Carlo 法建立了齿轮弯曲疲劳裂纹扩展与寿命模型,通过仿真发现渗碳钢齿轮疲劳寿命服从三参数的威布尔分布。陶晋等[73]通过实验研究了 40Cr 调质钢齿轮的弯曲疲劳强度可靠性,拟合了齿轮的 R-S-N 曲线和方程,得到了不同可靠度要求时齿轮的弯曲疲劳强度许用值。X. He 等[74]基于疲劳点蚀和各主要传动件基于威布尔分布的个体可靠性,建立了双减速器齿轮装置的寿命和可靠性模型,提出了齿轮减速器可靠性的评估方法。I. A. Krol 等[75]提出了一种电力传动减速器圆柱齿轮外部约束和轴承支承可靠性的评估方法,应用此方法可以提高电力系统中齿轮减速器无故障运行概率。Z. G. Guo 等[76]提出了延长和收起起落架齿轮控制系统可靠性的分析方法,对系统的可靠性设计、分析和测试等问题进行了阐述。H. Sarper[77]将齿轮、轴承、轴等零件的强度分布假设为指数分布,并求解系统的可靠度,但这个假设与实际分布存在差异,因此此理论很大程度上得不到应用。部分学者基于摄动法提出了一种利用 Taylor(泰勒)展开随机无网格点插值法(Taylor Expansion Stochastic Meshless Point Interpolation Method,TSMPM),并对齿轮系统弯曲疲劳强度的可靠度进行了分析。胡青春等[78]依据系统可靠度乘积理论,建立了封闭行星齿轮系统的可靠度模型,研究了负载、有效齿宽、功率分配系数等因素对零部件及其系统可靠性的影响。孙淑霞等[79]将影响齿轮可靠性的参数用威布尔分布进行描述,应用极限状态理论对齿轮传动系统的可靠性进行了研究。秦大同等[80]基于动力学理论研究了风力发电机齿轮传动系统的可靠性评估问题,并对齿轮、滚动轴承及整个传动系统进行了可靠性分析。吴上生等[81]根据齿轮的齿面接触疲劳可靠度与寿命关系分析了齿轮的可靠度,依据串联系统可靠度乘积理论,建立了两级行星齿轮系统的可靠度模型,研究了负载、传动比分配、行星轮个数等因素对系统可靠度的影响。岳玉梅等[82]在载荷频率变化的情况下的疲劳可靠度方面提出了新方法;S. Z. Lv 等[83]采用应力-强度干涉模型,考虑了齿轮强度退化的齿轮系统可靠性问题;K. V. Syzrantseva[84]就齿轮抗弯曲、疲劳强度可靠性进行了分析,基于抗疲劳强度提出了一种轮齿强度可靠性的计算方法。K. G. McKenna 等[85]提出了一种方法使在考虑疲劳可靠度时可以考虑到润滑的作用。V. S. Utkin[86]利用少量统计信息,评估了圆锥齿轮的疲劳可靠性问题。Z. Yang 等[87]对非高斯随机参数圆柱齿轮副的可靠性灵敏度进行了分析,提出了可靠性灵敏度的设计方法,研究了设计参数对圆柱齿轮副的可靠性的影响。C. Li 等[88]基于标准齿轮的齿廓渐开线方程和齿面过渡曲线方程,利用有限元软件建立了齿轮传动系统的三维参数化有限元模型,利用数值计算得到了轮齿接触应力和压力分布,然后将每一个系统参数的输入极限状态方程转换成输出极限状态方程,利用极限状态方程可以计算系统可靠度和不同变量的可靠度灵敏性。S. Deng 等[89]通过有限元模型计算了直齿锥齿轮在啮合过程中的齿面接触应力和齿根弯曲应力,根据损伤累积理论,计算了锥齿轮的接触疲劳寿命和弯曲疲劳寿命。研究结果表明,齿轮副中直径小的锥齿轮更容易发生失效,外载荷扭矩增大齿轮的寿命降低。

综上所述可知,许多关于齿轮可靠性研究多数为围绕经验的解析方法,很难精确地分析考虑齿廓修形、安装误差、制造误差对齿轮啮合刚度、传递误差、振动响应以及齿面载荷等性能的影响。随着计算机仿真技术的发展,虚拟数值仿真成为广泛采用的工具之一,将其与结构可靠度分析理论相结合必然成为一种趋势。

2.2　基于代理模型的可靠性分析方法的研究现状

近几十年发展起来的代理模型[如多项式响应面、神经网络模型、Kriging(克里金)模型等]与虚拟数值仿真(如有限元、有限差分等数值计算)相结合的方法,通过代理模型替代功能函数进行可靠性分析,为解决隐式状态函数和可靠性分析计算量大的问题提供了一种有效途径。其思想是:在结构可靠性分析时,假设结构响应与随机变量之间存在某种函数关系(或映射关系),通过对有限次虚拟数值仿真得到的数据进行拟合或插值得到系统输出变量与输入变量之间的解析表达式,之后就可以用它来代替仿真模型,进而调用该函数进行 Monte Carlo模拟。由于对一个函数进行运算的时间要远远小于虚拟数值仿真计算,因此代理模型技术可以大大提高计算效率,具有很高的工程应用价值。其关键是如何精确构建结构响应与输入随机变量之间的映射关系,以替代虚拟数值仿真模型。根据构造方法的不同,将代理模型可分为多项式响应面、神经网络模型、Kriging模型。

2.2.1　多项式响应面

响应面在处理隐式极限状态函数问题时具有高效性且程序易于编制,因此被引入到了结构可靠性分析领域。基于响应面可靠性分析方法的基本思想是采用一系列确定性试验,通过回归分析最小二乘法估计来得到响应面函数,在后续的可靠性分析时采用响应面函数代替系统响应状态函数。多项式响应面法采用多项式对样本点进行回归拟合,从而得到结构响应与输入变量之间的近似解析表达。

L. Faravelli[90]建立了以试验设计为基础的响应面方法。F. S. Wong[91]提出了利用二水平因子与有限元相结合的响应面方法,并分析了边坡的稳定性和动力结构的随机效应。S. H. Kim 等[92]通过将抽样点向线性响应面上投影,使之尽量靠近响应面,加快了该方法的收敛性。在此基础上,部分学者进一步研究了二次项的影响,采用有理多项式技术来模拟隐式功能函数对随机变量的偏导计算。

国内许多学者也对多项式响应面方法进行了研究并将其应用在岩体、土木、铁路桥梁及航空航天等领域中。相关学者利用该方法拟合了岩体参数与岩体位移之间的非线性关系,同时应用该方法分别计算和分析了地下岩体空间的可靠性、桥面结构的可靠性及铁路明洞的荷载效应,并提出了一种与 JC 法相结合的响应面方法以模拟功能函数不能够明确表达的可靠度计算问题。通过采用有理多项式技术较好地解决了具有高次非线性和复杂性功能函数的岩土工程可靠度分析。

采用多项式响应面方法当所选择的多项式能够很好地拟合结构响应与随机变量之间的隐性关系时,可以得到相当满意的分析结果。然而,当结构分析面临大量非线性随机变量,且随机变量之间具有一定相关性时,该方法的计算量会显著增加且很难构建精度很高的拟合面。此外,该方法中对真实曲面的拟合是一种局部逼近,当无法知道设计点位置时,很难构造合适的响应面。为此,一些学者提出了一些改进方法,包括多重响应面法和改进的序列响应面法。但采用二次多项式对真实曲面进行逼近,无论是作为一个理论问题还是作为一个应用问题,其精度一直悬而未解,并且这种逼近只是在设计点附近的一种部分逼近,而不是全局逼近。

综合上述分析可知,虽然多项式响应面方法是解决隐式功能函数可靠性分析的一个有效途径,但在处理强非线性问题时会遇到困难,尤其是工程中遇到的隐式响应函数问题,例如对齿轮,其接触应力、啮合传递误差等响应函数通常表现为高度非线性的,由于多项式响应面本身的局限,很难达到较高精度。而且对于响应面方法,无法事先估计响应面的不同函数形式对可靠度结果的影响,造成可靠性计算结果计算精度的差异。因此,虽然响应面方法因其算法易理解且容易简便,应用较为广泛,但是对于要求较高的实际工程问题,其精度问题还有待开展进一步研究与探索。

2.2.2　神经网络模型

人工神经网络(Artificial Neural Network,ANN)具有良好的柔韧性和自适应性,能够根据给定的样本,经过不断学习和训练在理论上全局逼近任何一个连续的非线性函数,因此训练成功的神经网络可以近似代替结构响应与随机变量之间的映射关系,从而替代有限元模型。

人工神经网络在对函数进行全局近似方面得到了飞速发展。K. Hornik 等[93-94]用多层前馈网络对函数进行了全局近似;在控制论中,P. Cardaliaguet 等[95]用 ANN 近似了一个函数和它的导数;X. Li[96]证明了任何一个多变量函数和它的微分都可以用一个径向基函数神经(Radial Basis Function,RBF)网络近似得到。J. H. J. Garrett[97]提出在给定映射样本集的情况下,神经网络可以通过学习—反馈—再学习获得从多维空间到另一多维空间的映射关系。A. T. C. Goh 等[98]指出 ANN 不需要指定变量之间的关系就可通过对训练样本的学习得到变量之间的复杂的非线性关系。

最早将 ANN 应用到结构可靠性分析中的是 O. J. V. Chapman 等[99],他们应用 ANN 对变工况条件下的管道进行了失效概率的预测。M. Papadrakakis 等[100]将 Monte Carlo 模拟法与 ANN 相结合对弹塑性结构进行了可靠性分析,并比较了逆传播算法下不同的网络结构及其误差。J. E. Hurtado 等[101]对应用到结构可靠性分析中两大类 ANN[BP(Back Propagation)网络和 RBF 网络]从类型结构、误差函数、优化算法和样本提取及 ANN 应用目的等方面进行了较为详细的比较分析,其分析结果为 ANN 在该领域中的应用提供了借鉴。J. Deng 等[102]将有限元与 ANN 相结合分析了中国凤凰山一铜矿地下矿室中梁柱的可靠性,该作者还进一步探索了神经网络在结构可靠性分析方面的应用,并提出了神经网络与传统可靠性分析方法相结合的思路。

神经网络可以实现从多维空间到另一多维空间的映射,尤其适用于高度非线性功能函数的系统结构可靠性问题,在理论上可以全局逼近任何一个连续的非线性函数,弥补响应面方法的这种局限性,能够较精确地构建结构响应与随机变量之间的函数关系。但是其主要缺点是影响拟合精度控制的参数选取很难找出定量的确定方法,很大程度上取决于人为主观因素,而且拟合的质量不仅取决于试验设计点的选取,而且如何在有限样本信息的基础之上达到拟合最佳很难寻求最优效果,因此,这也是关于神经网络方法的研究难点。

2.2.3 Kriging 模型

Kriging 模型是一种基于随机过程的半参数化预测模型,是通过已知点来预测未知观察点的一种精确的插值方法,是地质学中广泛使用的统计预测法,可对区域化变量求最优、线性、无偏内插估计值,在线性地质统计学中占有重要地位。Kriging 模型作为一种新型的代理模型技术,在工业工程、航空航天等方面的优化领域得到了广泛应用。

　　Kriging 模型法最早由南非地质学者 D. G. Krige[103]于 1951 年提出,之前主要应用于地质界,用于确定矿产储量分布。1963 年,G. Matheron[104]将 D. G. Krige 的成果理论化、系统化,提出了区域化变量,并将其应用于地质、矿产分析中。由于 Kriging 模型采用了 Gaussian(高斯)随机过程模型,使得 Kriging 模型预测不仅提供了在未知点的预测值,而且还提供了预测不确定性的估计量(即方差的估计),这是区别于其他代理模型的最主要特性。基于 Kriging 模型预测不确定性的这种特性,1997 年,A. A. Giunta[105]对 Kriging 模型在多学科优化中的应用进行了初步研究。S. N. Lophaven 等[106]以 Matlab 软件为基础,开发了 Kriging 插值工具包,即 DACE 工具箱,该工具箱具有较高的拟合精度,可以给出预测点的预测值,预测误差和梯度值。2004 年,V. J. Romero 等[107]将 Kriging 模型作为一种数据拟合技术引入到结构可靠性理论与应用中,将其与其他技术如响应面法等在渐近格点抽样下的性质进行了比较。2005 年,I. Kaymaz[108]将 Kriging 模型和经典的响应面法进行了全面比较,指出 Kriging 模型的参数值对结果的影响很大,计算过程相比于响应面法更复杂,但当参数值选取的合适时 Kriging 模型给出的结果较好,并且应用起来更加灵活,此后,Kriging 模型广泛应用于工程可靠度的计算。2005 年,张崎[109]采用拉丁超立方抽样生成样本点集来构造 Kriging 模型,并将其与重要抽样方法相结合,用于计算海洋平台的可靠度,取得了较好的结果。2007 年,谢延敏等[110]应用 Kriging 模型来替代系统响应函数进行可靠性计算。2008 年,有学者分别提出自主选点的改善函数用于拟合状态曲面,并将其应用于可靠性分析问题中。陈志英等[111]采用粒子群优化(Particle Swarm Optimization,PSO)Kriging 模型中的参数,并将此模型直接应用于轮盘疲劳可靠性分析中。有学者将 Kriging 模型中的确定性部分在设计点附近采用泰勒公式展开至二次项,因考虑到微分计算的复杂性故采用差分进行代替,得到极限状态方程的近似表达式,然后采用近似可靠度算法中的 H-L 法求解可靠度指标。2011 年,B. Echard 等[112]提出一种新型的改善函数用于指导选点策略,实现了将其应用在可靠性计算中,这种算法称为 AK-MCS,由于改善函数指导选点策略,故在本书中也称为学习函数。2013 年,B. Echard 等[113]将 AK-MCS 算法的思想与重要抽样相结合使其具有能够求解小失效概率的可靠性问题,扩展了该算法的通用性。刘瞻等[114]使用人工蜂群算法(Artificial Bee Colony,ABC)对 Kriging 模型参数进行优化,结合重要抽样法将其应用在空间对接锁的可靠性分析中。

　　综合分析可知,Kriging 模型作为一种基于随机过程的半参数化预测模型方法,不仅适用于非线性功能函数问题,与其他两种代理模型的最大区别在于对未知点不确定性的方差估计,这就为我们在解决可靠度计算精度的保证问题提供了一种重要的思路,但是仍然存在关于结构可靠度的"维度灾难"、小失效概率等问题需要解决。

2.3 齿轮啮合刚度动态激励和修形研究

2.3.1 齿轮啮合刚度动态激励研究

在齿轮传动过程中,因为受到外部载荷的关系,齿轮会产生弹性变形,由此引起齿轮刚度不断发生变化,确定系统的刚度激励对于研究齿轮系统振动特性和改善系统的动态性能具有重要意义。材料力学法、数学弹性力学法和数值方法是目前常用的计算齿轮轮齿弹性变形的方法,其中数值方法则大多采用有限元法。

1929 年,R. V. Band 和 R. E. Peterson 将齿轮的轮齿比作一悬臂梁,随着轮齿受力位置的不同,悬臂梁的截面是不断变化的,并计算其弹性变形。1938 年至 1940 年,H. Walker 将试验所得数据与理论推导结合起来,计算出了轮齿变形。1949 年,C. Weber 根据 H. Wallker 研究的结果,根据变形的来源不同,细致地划分了轮齿的弹性变形,变形由剪切变形、弯曲变形、压缩变形等组成,其理论计算结果和 H. Walker 的试验数据基本一致,由此验证了此方法的正确性。1964 年,A. Y. Attia 对变形作了进一步分析,考虑了轮齿边缘变形的影响。1973 年,T. Tobe 等考虑了齿向歪斜对变形的影响[115]。1981 年,R. W. Cornell[116]发表了他对轮齿变形问题研究的总结。研究结果考虑了齿轮受外载荷的情况下,轮齿的弯曲、剪切、接触和轮齿基体的弹性变形,同时齿根部分过渡圆角的形状不同,所产生的变形也不同,在计算时同样需要考虑。Y. Terauchi 等[117-118]采用数学弹性力学方法,通过保角映射变换将轮齿的曲线边界使用直线的形式进行表示,求得集中力的复变函数,计算出半平面的位移场,从而求解出轮齿受力处的变形大小。后来,程乃士等[119-121]在平面弹性理论的复变函数的解法基础上,将之前得到的啮合力的近似解转变成精确解。

随着计算机的广泛应用,计算技术的发展日新月异,数值计算方法可以很便捷地研究齿轮的应力和变形,有限元法成为一种典型的数值计算方法。从 20 世纪 70 年代初开始,有限元法能够有效地解决齿轮的齿根应力和轮齿弹性变形问题,当时使用的是单个轮齿的有限元模型,所以计算的结果是单齿所受外载荷作用所产生的变形值。魏任之等[122-123]计算了多种不同参数下的齿轮的有限元模型,在此基础上采用回归分析的方法对计算结果进行拟合,得出了单齿弹性变形的近似公式。J. J. Coy 等[124]对上述误差进行了分析和研究,通过建立新的有限元模型,改变接触区附近的单元尺寸,来进行误差的修正。李润方等[125-127]率先使用接触有限元研究了多齿同时啮合的状况。在弹性理论的基础上,接触问题有限元模型更接近于真实的工况,计算结果包括轮齿的弯曲、剪切、压缩和接触等变形,可以很方便地查看轮齿的变形结果和应力分布。有限元方法广泛用于计算齿轮啮合刚度和传动误差,这种方法能够自动包含所有误差的影响,包括制造误差、装配误差和轮齿修形产生的齿廓误差。然而,对于啮合刚度计算,有限元模型需要网格细化,并且计算耗时是相当长的;另一方面,与有限元分析模型相比,解析法在计算齿轮啮合刚度时所减少的时间是很显著的,故采用解析法计算齿轮啮合刚度仍然是一种不可替代的重要方法。

因此,许多研究者开始重新关注齿轮啮合刚度解析研究,并在原有假设基础之上进行改进,来提高齿轮啮合刚度计算的精确性。P. Sainsot等[128]采用材料力学法推导了齿轮齿基刚度模型,认为齿基刚度是齿轮刚度的一部分,齿基刚度和轮齿刚度是串联关系,分析了齿轮刚度。在此基础上,F. Chaari等[129]考虑了齿轮啮合过程中的弯曲变形、接触变形和齿基变形,分析了直齿轮副啮合刚度。Z. G. Chen等[130-131]在前面的基础上,运用能量法考虑齿轮弯曲刚度、剪切刚度、径向压缩刚度、齿基刚度和赫兹接触刚度分析了齿轮啮合刚度,并与采用有限元方法计算的齿轮啮合刚度进行了对比,证明了考虑上述刚度后能量法计算齿轮啮合刚度的准确性。上述模型中均将轮齿视为基圆上的悬臂梁,而在实际中轮齿应为齿根圆上的悬臂梁,且大多数情况下齿轮基圆与齿根圆不重合,马辉等[132-133]考虑上述因素,建立了改进的齿轮啮合刚度模型,分析了不同齿数的齿轮啮合刚度。结果显示,对于齿数较多的齿轮考虑为基圆上的悬臂梁和齿根圆上的悬臂梁计算齿轮啮合刚度存在较大的误差。而对于存在齿廓误差的直齿轮,Z. G. Chen等[134]采用轮齿之间的几何关系,建立了变形协调方程,分析了含齿廓误差的齿轮啮合刚度和传递误差。至此,使用能量法求解刚度更符合实际情况,结果也更加准确。

2.3.2　齿轮修形研究

随着科学技术水平的提高,大型化、精密化和复杂化成为机械设备发展的主流方向,随之而来的问题是齿轮啮合过程中的振动和噪声问题愈发突出。为了减少齿轮传动中的冲击和噪声,采用齿轮修形技术是一项重要的措施。

齿轮修形主要包括两种修形方式,即齿向修形和齿廓修形。齿向修形,顾名思义就是沿着齿轮的齿宽方向进行修形,由于齿轮在安装过程中存在安装误差、齿轮轴发生弹性变形,导致载荷没有平均分布在齿宽上,而是偏向一端。修形后,齿轮在齿宽方向上接触均匀,当载荷作用在齿面上时,可避免发生载荷偏移的情况。齿廓修形是沿着轮齿的高度方向进行的,可修形后,轮齿在交替工作过程中能保持平稳,避免承受啮合冲击。

各国很早就已经开展了对齿轮修形的研究并将修形技术应用于实际生产。H. Sigg[135]提出了齿轮啮合冲击这一概念,依据齿轮渐开线的形成过程和齿轮副的基本啮合理论,分析出啮合冲击的产生因素,最终确定了齿廓修形的修形长度和最大修形量的计算公式,并对公式的正确性进行了验证。T. F. Conry等[136]开展了齿轮优化设计工作,设计的目标是使载荷在轮齿沿齿宽方向的接触线上均匀分布,由赫兹接触理论求解齿轮的接触方程,最终分别得出了直齿轮和斜齿轮修形量的计算方法。杨廷力等[137]阐述了一种详细的齿廓修形计算方法,对齿轮修形三要素进行了细致研究:给出了齿廓修形最大修形量的计算公式;齿廓修形长度的选取可以采用两种不同的形式,即长修形和短修形。长修形的起点为齿轮啮合线上单双齿啮合的分界点,终点为轮齿齿顶脱离啮合线的位置,分界点和脱离点之间的距离即为修形长度,短修形的修形长度为长修形二分之一。从适用场合上划分,当斜齿轮具有较大的重合度和较大的螺旋角时,适合采取长修形;相反,当齿轮为直齿轮或者是螺旋角小的斜齿轮时,采取短修形比较合适。李敦信[138]提出高速齿轮修形对于提高齿轮传动平稳性、效率和延长使用寿命效果显著。H. Yoshino等[139]对斜齿轮和螺旋齿轮的模型进行了研究,并提出了各自的修形方法,重新设计了斜齿轮和螺旋齿轮的加工滚刀,主要是对滚刀进行轴向修形设计,使用这种修形后的滚刀生产的修形齿轮啮合过程中产生的误差比之前减小很多。孙月海等[140]假设齿轮在啮合过程中外载荷保持不变,并使齿轮传递误差保持不变,依据齿轮的动力学理论和啮合原理,推导出计算齿轮修形参数的方法;将齿轮啮合力的计算公式代入系统方程,得到系统的动态响应曲线。结果表明,使用修形参数对齿轮进行修形后,传递误差的波动范围显著减小,改善了系统的动态特性,起到了减振的作用。A. Bajer等[141]研究了突加载荷下齿轮的冲击问题。J. Wang等[142-143]利用有限元分析软件,建立了精确的齿廓渐开线模型,对模型进行仿真分析,随着轮齿啮合位置的不同,齿轮的接触应力不断变化,利用分析结果,对上述齿轮采取修形策略,并进一步研究了修形参数对齿轮接触应力的影响。袁哲等[144]将静态传递误差小作为减振降噪的最优目的,基于有限元法采用遗传算法来确定齿轮修形量。吴勇军等[145-146]运用有限元方法计算了轮齿在各啮合位置的变形量,确定修形量为轮齿交替啮合点处的变形量,分析了齿顶修形量对齿轮系统振动、噪声的影响。结果显示,齿顶修形显著降低了齿轮的振动和噪声。M. Faggioni等[147]以齿轮啮合过程中的传递误差激励的波动最小,优化了不同载荷下的齿廓修形量。马辉等[148-149]运用有限元方法分析了不同齿顶修形量下齿轮时变啮合刚度和传递误差的变化,并分析了齿顶修形量对齿轮系统振动响应的影响,结果表明,合理的齿顶修形显著降低了齿轮系统的振动。

2.4　可靠性理论基本概念

2.4.1　基本随机变量

在实际工程结构设计中,为了考虑其中存在的各种随机不确定性因素,产生了结构可靠度理论。在结构可靠性分析中,将影响系统行为的不确定性因素定义为基本随机变量,例如所承受的载荷、转速、材料性能、几何尺寸等,这些随机变量的不确定性导致了结构响应的不确定性。在进行可靠性分析之前,这些随机变量的具体数值是不能准确确定的,但它们的统计分布规律是已知的。这些分布规律是进行可靠性分析的基础和重要内容。因此,在机械系统可靠性分析过程中,将决定系统性能的不确定性因素用基本随机变量来表示,可以表示为向量形式,如 $\boldsymbol{x}=(x_1,x_2,\cdots,x_n)^{\mathrm{T}}$,表示由 n 个基本随机变量组成的向量,其中 $x_i(i=1,2,\cdots,n)$ 为第 i 个基本随机变量。系统的可靠性分析主要就是通过各种解析方法和数值方法对这些基本随机变量进行分析,从而达到对系统参数进行可靠性设计的目的。

2.4.2　状态函数与极限状态方程

机械产品进行可靠性分析时,要保证其规定的设计功能,需要建立与之相关的函数 $g(x)$。通常用含有 n 维随机因素的函数 $g(x)$ 来表达,将 $g(x)$ 称为规定功能的状态函数(也可以称为状态函数或功能函数)。

$$g(x) = g(x_1,x_2,\cdots,x_n) \tag{2-1}$$

当系统达到某一特殊条件便无法实现预先设定的某种功能时,该特殊的状态叫作极限状态,即 $g(x)=0$,图 2-1 所示为某问题的二维极限状态。

直观上可以用 $g(x)$ 的结果与 0 的大小关系来判断机械系统能否完成规定设计功能。按照假设的两面性,可将工作情况分为正常情况 $g(x)>0$ 和故障情况 $g(x)<0$, $g(x)=0$ 叫作极限状态方程。$g(x)$ 分为两种形式:显式和隐式。如果 $g(x)$ 能够变换成随机变量的显示表达式,$g(x)$ 便叫作显式;相反 $g(x)$ 叫作隐式。

2.4.3　应力-强度干涉模型

应力-强度干涉模型是机械可靠性工程中最为基本也是最为经典的分析方

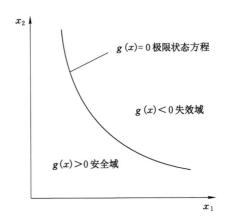

图 2-1 某问题的二维极限状态

法之一。其基本思想是结构或构件所承受的应力应该小于其强度才能够保证结构的安全使用。机械零件的可靠度主要取决于其所承受的应力和强度分布曲线的干涉程度。图 2-2 所示为应力-强度干涉模型。

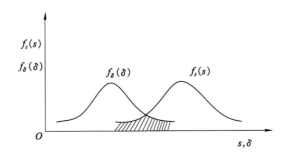

图 2-2 应力-强度干涉模型

根据应力-强度模型进行可靠性分析时,所建立的功能函数 $g(x)$ 可表示为:
$$g(x) = g(x_1, x_2, \cdots, x_n) = s - \delta \tag{2-2}$$
式中,s 为零件的强度,δ 为零件的应力。

在应力-强度干涉模型理论中,根据可靠度的定义,强度大于应力的概率可表示为:
$$R = P(s > \delta) = P(s - \delta > 0) \tag{2-3}$$

根据以上干涉模型计算在干涉区内强度大于应力的概率(即可靠度),如图 2-3 所示。

对应于零件的所有可能应力值 δ,强度 s 均大于应力 δ 的概率为:

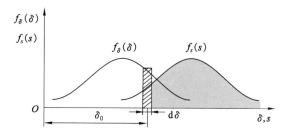

图 2-3　概率密度函数联合积分求可靠度

$$R = P(s > \delta) = \int dR = \int_{-\infty}^{\infty} f_\delta(\delta) \cdot \left[\int_{-\infty}^{\infty} f_\delta(s)\mathrm{d}s \right] \mathrm{d}\delta \qquad (2\text{-}4)$$

2.4.4　可靠度指标

可靠度指标 β 被定义为状态变量 g 的均值 μ_g 与标准差 σ_g 之比，即：

$$\beta = \frac{\mu_g}{\sigma_g} = \frac{E[g(x)]}{\sqrt{\mathrm{Var}[g(x)]}} \qquad (2\text{-}5)$$

在机械可靠性中，通常用 β 来代替可靠度对结构的可靠性进行分析，用来表示可靠度的大小，所以称 β 为可靠度指标。β 与可靠度是一一对应的，β 的值越大，表示可靠度越高；β 的值越小，表示可靠度越低。

当基本随机变量都服从正态分布，并且状态变量 g 是基本随机变量的线性函数时，结构的失效概率和可靠度可以通过下式精确计算。

$$\begin{cases} P_f = \Phi(-\beta) \\ R = \Phi(\beta) \end{cases} \qquad (2\text{-}6)$$

式中，$\Phi(\cdot)$ 为标准正态分布函数。

可将可靠性指标 β 定义为：在标准正态化坐标系中，从坐标原点到极限状态面的最短距离为可靠性指标 β，并将最短距离在极限状态面上所对应的点定义为设计验算点。

2.5　一次二阶矩法

在分析机械可靠性问题时普遍采用一次二阶矩法，多年来学者们对其进行不断探索，使其变为国际范围内机械安全技术的核心理论。

一次二阶矩法（First Order Second Moment，FOSM）是工程结构可靠性分析中最简单、应用最广泛的一种方法，其基本思想就是将非线性的功能函数作Taylor 级数展开并取至一次项，然后利用基本随机变量的一阶矩和二阶矩来计算 Taylor 级数展开后功能函数的一阶矩和二阶矩,并按照可靠度指标的定义建立求解方程。FOSM 这种方法只用到基本随机变量的均值和方差,且计算量比较小,是可靠度计算方法中最简单、最常用的一种方法,大部分其他的方法都以 FOSM 为基础进行改进研究。

FOSM 法包括验算点法、均值点法、实用法以及映射法等。其中,验算点法可以将随机因素转化为标准空间下的变量,在工作量同等的情况下,对可靠度求解的精度更高,下面介绍验算点法。

验算点法将功能函数的线性化 Taylor 展开点选在失效面上,同时又能考虑基本随机变量的实际分布。它从根本上解决了中心点法存在的问题,故又称为改进一次二阶矩法。

验算点法的计算流程如下。

(1) 假定初始验算点:

$$x^* = (x_1^*, x_2^*, \cdots, x_n^*)$$ (2-7)

一般第一步取均值点进行计算:

$$x^* = (\mu_{x_1}, \mu_{x_2}, \cdots, \mu_{x_n})$$ (2-8)

(2) 根据设计验算点,计算非正态随机变量的等效正态分布参数。

(3) 计算可靠度指标:

$$\beta = \frac{\mu_g}{\sigma_g} = \frac{g(x^*) + \sum_{i=1}^{n} \frac{\partial g(x^*)}{\partial x_i}(\mu_{x_i} - x_i^*)}{\sqrt{\sum_{i=1}^{n} \left(\frac{\partial g(x^*)}{\partial x_i}\right)^2 \sigma_{x_i}^2}}$$ (2-9)

(4) 计算重要度系数:

$$\alpha_i = \cos \theta_{x_i} = -\frac{\frac{\partial g(x^*)}{\partial x_i}\sigma_{x_i}}{\sqrt{\sum_{i=1}^{n} \left(\frac{\partial g(x^*)}{\partial x_i}\right)^2 \sigma_{x_i}^2}} \quad i = 1, 2, \cdots, n$$ (2-10)

(5) 计算新的验算点:

$$x_i^* = \mu_{x_i} + \beta \sigma_{x_i} \cos \theta_{x_i} \quad i = 1, 2, \cdots, n$$ (2-11)

(6) 若 $|\beta_k - \beta_{k-1}| \leqslant \varepsilon$,停止迭代。否则,转(2)用新的验算点继续迭代,直至能够满足精度要求。

FOSM 法虽然是在均值一次二阶矩法基础之上有所改进,然而由于其本身的特性,不能反映功能函数的非线性对失效概率的影响,而且在非线性程度较高的情况下,迭代算法受初始点影响较大,可能会造成迭代不收敛。基于此,FOSM 对于一些复杂非线性功能函数,仍然存在一定的问题,尤其是对于机械产品,例如齿轮的接触应力、振动响应等典型机械可靠性问题。

2.6　随机模拟法

2.6.1　Monte Carlo 法

Monte Carlo 法以概率论和数理统计理论为基础,又称为随机抽样法,是随着计算机技术的发展而发展起来的一种数值模拟方法。该方法是通过随机模拟或统计试验来计算结构可靠度的,是结构可靠性分析的一种重要方法。

Monte Carlo 法最基本的抽样方法就是对基本随机变量直接进行随机抽样,然后对结构的可靠度进行模拟。其基本思路是:由基本随机变量的联合概率密度函数 $f_x(x)$ 产生 N 个基本变量的随机样本 $x_i(i=1,2,\cdots,N)$,将这 N 个随机样本代入功能函数 $g(x)$,统计落入失效域 $F=\{x:g(x)\leqslant 0\}$ 的样本点数 N_f,用失效发生的频率比 N_f/N 近似代替失效概率 P_f,就可以近似得出失效概率的估计值 $\hat{P}_f$。

失效概率的精确表达式为基本变量的联合概率密度函数在失效域中的积分,它可以改写为下式表示的失效域指示函数 $I_F(x)$ 的数学期望形式:

$$P_f = \int\cdots\int_{g(x)\leqslant 0} f_{x_1}(x_1)f_{x_2}(x_2)\cdots f_{x_n}(x_n)\mathrm{d}x_1\mathrm{d}x_2\cdots\mathrm{d}x_n$$
$$= \int\cdots\int_{R^n} I_F(x)f_{x_1}(x_1)f_{x_2}(x_2)\cdots f_{x_n}(x_n)\mathrm{d}x_1\mathrm{d}x_2\cdots\mathrm{d}x_n = E(I_F(x))$$

(2-12)

式中,R^n 为 n 维变量空间;$E[\cdot]$ 为数学期望算子;$I_F(x)$ 代表失效域指示函数,可以表示为:

$$I_F(x) = \begin{cases} 1 & x \in F \\ 0 & x \notin F \end{cases}$$

(2-13)

失效概率 P_f 的期望表达式(2-12)可按下式估计:

$$P_f \approx \hat{P}_f = \frac{1}{N_{MC}}\sum_{i=1}^{N_{MC}} I_F(x_i) = \frac{N_{g\leqslant 0}}{N_{MC}}$$

(2-14)

式中,$N_{g\leqslant 0}$ 表示落入失效域样本点的个数;N_{MC} 表示 Monte Carlo 法模拟的总样本数量。

$\hat{P}_f$ 的方差为:

$$\sigma_{\hat{P}_f}^2 = \frac{1}{N}\hat{P}_f(1-\hat{P}_f)$$

(2-15)

根据中心极限定理,对于任意非负 x 均有:

$$\lim_{N\to\infty} P\left(\frac{|P_f - \hat{P}_f|}{\sigma_{\hat{P}_f}^2} < x\right) = \frac{1}{\sqrt{2\pi}} \int_{-x}^{x} \mathrm{e}^{-\frac{t^2}{2}} \mathrm{d}t \tag{2-16}$$

当 N 足够大时就可以认为具有如下近似等式:

$$\lim_{N\to\infty} P(|P_f - \hat{P}_f| < \hat{\sigma}_{P_f} \cdot x) = \frac{1}{\sqrt{2\pi}} \int_{-x}^{x} \mathrm{e}^{-\frac{t^2}{2}} \mathrm{d}t = 1 - \alpha \tag{2-17}$$

式中,α 为置信度,$1-\alpha$ 为置信水平,由此获得 Monte Carlo 法的误差计算公式:

$$|P_f - \hat{P}_f| < z_{\alpha/2} \cdot \hat{\sigma}_{P_f} \tag{2-18}$$

将式(2-15)代入式(2-18),可得 Monte Carlo 法的相对误差 ε 为:

$$\varepsilon = \frac{|P_f - \hat{P}_f|}{P_f} < z_{\alpha/2} \cdot \sqrt{\frac{1}{N}\hat{P}_f(1 - \hat{P}_f)} \tag{2-19}$$

考虑到 $\hat{P}_f$ 为一小量,则抽样次数 Monte Carlo 法 N 可以近似表达为:

$$N = \frac{z_{\alpha/2}^2}{\hat{P}_f \cdot \varepsilon^2} \tag{2-20}$$

当给定误差 $\varepsilon = 0.2$,置信水平为 0.95 时,Monte Carlo 法抽样次数必须满足:

$$N \geqslant \frac{100}{P_f} \tag{2-21}$$

因此,通过上述分析可知,抽样次数 N 与 $\hat{P}_f$ 成反比,当 $\hat{P}_f$ 是一个小量,如 $\hat{P}_f = 10^{-4}$ 时,$N = 10^6$ 以上才能获得对 $\hat{P}_f$ 足够精确的估计。

2.6.2 拉丁超立方抽样法

Monte Carlo 法虽然简单易行,但离散性较大,抽样效率低。对于许多工程上的隐式问题,往往需要通过数值计算或者仿真分析来解决,然而由于 Monte Carlo 法需要大样本抽样而无法开展。为了减小计算量,1979 年由 M. D. Mckay 等[150]提出的拉丁超立方抽样(Latin Hypercube Sampling,LHS)法迅速发展成为常用的仿真实验方法之一,拉丁超立方抽样法具有与均匀设计类似的思想,即使样本点能够充满整个实验空间。其基本思想是:首先,将每个随机变量概率分布函数的值域均匀划分为 N 段,由概率分布反函数得到随机变量 x_i 定义域范围的 N 个等概率区间,在每个区间中各取一点作为随机变量 x_i 的 N 个样本;然后,对每个变量随机地抽取 N 个值,并从 N 个值中随机抽取 1 个值配对组合作为一个样本点;最后,从剩余的 $N-1$ 个值中随机抽取 1 个值配对组合作为第二个样本点,直至抽样结束,最终得到 N 个试点。

　　每个随机变量抽样的基本原理如下:设随机变量 x_i 的概率分布函数为 $F_{x_i}(x_i)$,$F_{x_i}(x_i) \in [0,1]$。如图 2-4 所示,将随机变量的定义域分成 N 个等概率区域,划分随机变量定义域的 $N+1$ 个点分别为:

$$y_i^{(k)} = F_{x_i}^{-1}\left(\frac{k}{N}\right) \quad k = 1,2,\cdots,N \tag{2-22}$$

式中,$k=0$ 和 $k=N$ 分别对应随机变量定义域的上下限。

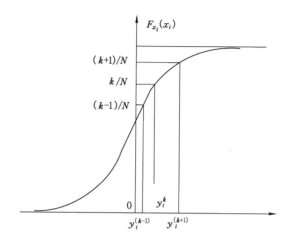

图 2-4　拉丁超立方抽样

　　设 $x_i^{(k)}$ 表示随机变量的第 k 个样本点,在 $y_i^{(k-1)}$ 和 $y_i^{(k)}$ 之间确定样本点 $x_i^{(k)}$,将等概率区域上的一阶高斯积分点作为样本点,即:

$$x_i^{(k)} = N \int_{y_i^{(k-1)}}^{y_i^{(k)}} x f_{x_i}(x) \mathrm{d}x \tag{2-23}$$

式中,高斯积分的权函数为随机变量 x_i 的概率密度函数 $f_{x_i}(x)$,$y_i^{(k)}$ 则由式(2-22)得到。

　　由于拉丁超立方抽样法能够将试验点均匀地散布于输入参数空间,它使输入组合相对均匀地填满整个试验区间,并且每个试验变量水平只使用一次,避免了直接抽样法中出现的重复抽样点情况。

2.6.3　重要抽样法

　　Monte Carlo 法按照原始联合概率密度函数生成样本点,比较靠近基本随机变量的均值点,而落在失效区域的比例较低,这是造成抽样效率较低的主要原因。如果可以通过改变抽样密度函数来提高样本点落入失效域的概率,从而加快失效概率的收敛,则能够获得较高的抽样效率,这就是重要抽样法的思路。应用最为广泛的方法是改变随机抽样中心,用重要抽样密度函数代替原抽样密度函数生成样本点,从而使抽取的样本点有更多机会落在失效区域内,使抽样点更加有效,以达到减少样本点数量、提高计算效率的目的。

引入重要抽样密度函数 $h(x)$,将结构失效概率的积分公式变换为:

$$P_f = \int_{-\infty}^{+\infty} I[g(x)]f_x(x)\mathrm{d}x = \int_{-\infty}^{+\infty} I[g(x)]\frac{f_x(x)}{h(x)}h(x)\mathrm{d}x$$

$$= E\left(I[g(x)]\frac{f_x(x)}{h(x)}\right) \tag{2-24}$$

结构失效概率通过下式进行估计:

$$P_F \approx \hat{P}_f = \frac{1}{N}\sum_{i=1}^{N} I[g(x_i)]\frac{f_x(x_i)}{h(x_i)} \tag{2-25}$$

容易验证估计值 $\hat{P}_f$ 是无偏的,即:

$$E[\hat{P}_f] = E\left[\frac{1}{N}\sum_{i=1}^{N} I[g(x_i)]\frac{f_x(x_i)}{h(x_i)}\right]\frac{1}{N} \cdot N \cdot E\left[I[g(x)]R\frac{f_x(x)}{h(x)}\right] = P_f \tag{2-26}$$

估计的方差为:

$$\mathrm{Var}(\hat{P}_f) = \frac{1}{N}\mathrm{Var}\left(I[g(x)]R\frac{f_x(x)}{h(x)}\right) \approx \frac{1}{N-1}\left\{\frac{1}{N}\sum_{i=1}^{N} I[g(x_i)]\frac{f_x^2(x_i)}{h^2(x_i)} - P_f^2\right\} \tag{2-27}$$

重要抽样方法的核心是重要抽样密度函数的构造,如果构造的重要抽样密度函数不合适,可能会导致估计值的方差非常大,对计算结果的精度不利。重要抽样密度函数构造的基本原则是:增加样本点落入失效域的比例,提高对失效概率贡献较大的样本点的概率,减小估计值的方差。由于设计验算点是最容易失效的点,因此一般将重要抽样密度函数的抽样中心选为极限状态方程的设计验算点。此外,构造的重要抽样密度函数要求能够较容易地生成样本点。

重要抽样方法是一种改进的 Monte Carlo 法,一般通过将抽样中心改在设计验算点,提高样本点落入失效域的概率,从而提高抽样效率,但是重要抽样密度函数的构造依赖于设计验算点的选取,也就是说该方法还存在一定的局限性。

2.6.4 子集模拟法

子集模拟法是一种针对高维小失效概率问题的特殊 Monte Carlo 法,其基本原理为:假设失效域为 $F=\{x:g(x)<0\}$,$g(x)$ 为随机变量 $x=\{x_1,x_2,\cdots,x_n\}$ 的极限状态函数,x 的概率密度函数为 $f_x(x)$。令 $b_1>b_2>\cdots>b_m=0$ 分别为 $F_k=\{x:g(x)<b_k\}(i=1,2,\cdots,m)$ 失效事件,如图 2-5 所示。失效区域满足 $F_1\supset F_2\supset\cdots\supset F_m=F$ 关系,故有 $F_k=\bigcap\limits_{i=1}^{k}F_i(k=1,\cdots,m)$。

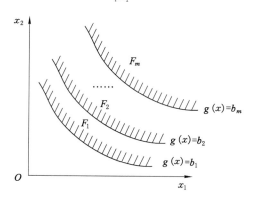

图 2-5　子集模拟的各失效事件

根据概率论中条件概率的定义,失效概率可以定义为:

$$P_f = P(F) = P(F_m \mid F_{m-1})P(F_{m-1}) = \cdots = P(F_1)\prod_{i=2}^{m} P(F_i \mid F_{i-1})$$

(2-28)

令 $P_1 = P(F_1)$,$P_k=P(F_k\mid F_{k-1})(k=2,\cdots,m)$,则失效概率式(2-28)变为:

$$P_f = \prod_{i=1}^{m} P_i$$

(2-29)

通过上述方法,即使 P_f 很小,通过恰当地选择多个中间失效区域的转换,失效概率式(2-28)就能高效率地计算失效概率,例如,假设条件失效概率分别为 $P(F_1)$,$P(F_{k+1}\mid F_k)\sim 0.1$,其中 $k=1,2,3$。则对于 $P_f=10^{-4}$ 的问题,根据 Monte Carlo 法的分析可知,$N=10^6$ 以上才能足够精确地估计,然而对于子集模拟法,将失效概率转化为各条件概率 $P_i=0.1$,$i=1,2,3,4$,则很容易实现。P_i 可通过下式估计:

$$\hat{P}_i = \frac{1}{N_i}\sum_{k=1}^{N_i} I_{F_i}(x_k^{(i)}) \quad i=2,3,\cdots,m$$

(2-30)

由于子集模拟通过 Monte Carlo 法来模拟这些条件样本的计算效率太低,因此,常采用 Markov 法来模拟条件样本,这种方法我们称为 Markov Chain Monte Carlo(MCMC)法,MCMC 法在此不详细叙述,详见 5.3 节。

2.7　本章小结

本章介绍了可靠性分析理论中的基本概念和基本算法,包括状态函数、应力强度干涉模型、一次二阶矩法以及随机模拟法中的 Monte Carlo 法、拉丁超立方抽样法、重要抽样法、子集模拟法等方法,并阐述与分析了这些可靠性算法各自的优缺点、局限性以及应用场合,为后续针对齿轮机械可靠性的研究提供了理论依据。

第3章　齿轮失效分析与应力计算准则

据统计,在发达国家每年因为机械结构失效而造成的损失大约占国民生产总值的 5%～10%,如果正确应用已有的技术进行失效预防,大约有一半的损失是能够避免的。失效分析在现代工业技术中占有十分重要的地位。在经济和管理上,失效分析是防止失效事故的再发生、减少经济损失或人员伤亡的必要手段,是对经济纠纷进行仲裁或判决、索赔的科学技术依据,是创建优质名牌产品、提高产品的质量和更新换代的重要途径,它能为相关研究人员提供反馈并进行技术经济规划与决策的重要参考依据。在社会生活方面,失效分析是促进安全生产、保护生产力的有效武器,是贯彻"安全第一、预防为主、综合治理"方针的一项重要工作,是社会安定、经济持续发展的重要保证,是社会主义市场经济体制优越性的重要体现。在工程技术方面,失效分析是机械产品维修工作的技术基础和前提条件,是可靠性工程的基础技术工作之一,是发展和完善安全工程技术的重要实践基础,是修改和完善产品技术标准的科学实践依据。在科技进步方面,失效分析是认识客观世界事物本质的重要知识源泉,是发展新学科、新理论、新技术、新材料、新工艺、新方法的重要窗口,是发展科学技术包括发展高科技的机遇和挑战,是从失败入手着眼于成功和发展的科技领域,是从过去入手着眼于未来和进步的科技领域,是第一生产力中活跃的因素之一。

齿轮传动的失效是指相关构件在运行中失去设计功能或发生结构上的损伤。例如,一部机床由于齿轮的磨损失去了加工精度,一台减速器中轮齿发生了断裂等都属于失效。齿轮失效分析的直接任务是了解其失效机理、找出失效原因、制定强度计算准则、提出改进措施与对策,从而提高其承载能力和使用寿命、防止同类失效的再次发生。文献[151]统计分析了 931 个齿轮的失效案例,结果表明,齿轮最普遍的失效形式为轮齿的弯曲疲劳失效和接触疲劳失效。各种失效形式都对齿轮的承载能力有限制,应分别建立相应的计算准则。但是,关于磨损、齿面塑性变形等失效形式,目前尚未形成成熟的计算方法,因此,对于一般条件下使用的闭式齿轮传动,通常按照齿面接触疲劳强度和齿根弯曲疲劳强度两种计算准则来计算。对于开式齿轮传动,磨损是其主要的失效形式,因磨损后轮齿变薄容易发生折断,故按齿根弯曲疲劳强度来计算,可通过降低许用应力的方法来考虑磨损的影响。

3.1 齿轮载荷特性与载荷影响因素分析

齿轮的受载形式比较复杂,它通过轮齿的依次啮合来实现运动和动力的传递。在轮齿的啮合过程中包含了滚动作用和滑动作用,滚动对于动压油膜的形成十分有利,这种作用产生的磨损也非常小;而滑动作用容易引起磨损,严重时可以造成齿面擦伤或胶合。滚动量和滑动量的大小因轮齿啮合位置的变化而不同,一般在节线上只存在滚动作用,而在齿顶和齿根处两种作用同时存在。当啮合发生于齿顶时,两种作用的方向相同,而在齿根处它们的方向相反。相反作用对齿面的损伤较大,因此齿面接触疲劳损伤经常发生在齿根附近。轮齿的润滑状态也会随着啮合过程发生改变,由于轮齿之间每次啮合都需要重新建立油膜,因此其润滑状态并不是连续的。与滑动轴承相比,渐开线齿轮轮齿的诱导曲率半径较小,因此形成油楔的条件也会较差。在不同的载荷条件下,齿轮的失效特征可能会各不相同;而对于相似的失效特征,其失效原因又可能多种多样。由于载荷是导致构件失效的直接原因,因此剖析齿轮载荷的影响因素对齿轮的失效机理分析和失效原因探求都有很大的帮助,同时也是采取失效预防措施和相关可靠性研究工作的前提。在对齿轮的失效分析与应力计算的过程中,需要考虑的载荷因素主要包括以下几点。

(1) 在齿轮副的啮合过程中,外部因素会引起附加动载荷,这些因素主要包括原动机和从动机的特性、轴和联轴器系统的质量和刚度、设备运行状态等。

(2) 齿轮的制造精度、运转速度等因素会对齿轮副的内部附加动载荷产生影响,主要包括由基节和齿形误差产生的传动误差、节线速度、转动件的惯性和刚度、轮齿载荷大小、轮齿啮合刚度在啮合循环中的变化、跑合效果、润滑油特性、轴承及箱体支撑刚度、动平衡精度等。

(3) 轮齿在实际的啮合过程中,沿齿宽方向的载荷分布是不均匀的,这会对齿面接触应力产生影响。这种载荷分布不均匀的主要影响因素包括齿轮副的接触精度(取决于齿轮加工误差、箱体镗孔偏差、轴承的间隙和误差、大小轮轴的平行度、跑合情况等),轮齿啮合刚度、齿轮的尺寸结构和支承形式以及轮缘、轴、箱体和机座的刚度,轮齿、轴、轴承的变形(热膨胀和热变形对高速宽齿轮影响显著),切向、轴向载荷及轴上的附加载荷,设计中是否有元件变形补偿措施等。

(4) 轮齿刚度对齿轮的载荷状态具有明显的影响,轮齿刚度的主要影响因素包括轮齿参数如齿数、基本齿廓、齿高修正、螺旋角和端面重合度等,轮体结构,如轮缘厚度和幅板厚度等,还包括法截面内单位齿宽载荷、轴毂连接结构和形式、齿面粗糙度和齿面波度、齿向误差、齿轮材料的弹性模量等。

3.2 轮齿弯曲疲劳失效

3.2.1 失效机理分析

轮齿弯曲疲劳断裂是齿轮传动中危险较大的失效形式之一,它可以直接导致动力传输系统的失灵。在交替载荷作用下,轮齿的弯曲疲劳失效经常从某一个轮齿开始,然后向邻近的轮齿蔓延。随着轮齿的依次折断,冲击不断增大,失效的蔓延速度加快,最终可发展到整个齿轮。为了有效预防这种失效的发生,必须对首断齿的失效机理和断裂规律进行详细分析。

当轮齿啮合时,其最大拉应力发生在受载齿侧的齿根表面,最大压应力发生在另一侧(被动齿侧)的齿根表面,零应力点在轮齿中心线与齿根圆交点的下方。根据轮齿的几何形状和载荷特点,受载齿侧齿根处的应力集中系数可以从 1.4 变化到 2.5,因此,随着轮齿载荷的循环变化,该处将成为疲劳裂纹萌生的首选部位。裂纹在齿根表面萌生后便向零应力点扩展,随着裂纹的不断扩展,零应力点会向被动齿侧的齿根下方移动。当轮齿的剩余材料无法承受外部载荷时,轮齿就会在瞬间折断,最终形成的裂纹走向如图 3-1 所示。从轮齿的断口上可以清晰地看出裂纹扩展区和瞬断区,裂纹扩展区较光滑,瞬断区较粗糙且具有闪烁的金属光泽,同时还有较多的韧性断裂特征。

首断齿上一旦形成裂纹,它的实际齿廓与理论齿廓便会发生分离,这会使相邻的两个轮齿分担到更大的载荷,因此随后的失效将发生在这两个轮齿上。同时,整个齿轮副的振动与冲击增加,噪声变大,运行的平稳性与可靠性降低。

3.2.2 最大齿根弯曲应力计算

根据轮齿的失效模式来确定其应力计算准则,可以将轮齿看成是短的悬臂梁,载荷作用于梁的一侧。一般采用 30°切线法确定轮齿的危险截面,在轮齿端面内作与其对称中心线成 30°夹角并与齿根圆弧相切的两条直线,连接两个切点并平行于齿轮轴线的截面就是危险截面,如图 3-1(b)所示。为了计算危险截面上的最大弯曲应力,以单对齿啮合时全部载荷作用于齿顶为基础来计算,作用于齿顶的法向力 F_n 为:

$$F_n = \frac{2T_1}{d_1 \cos \alpha} \tag{3-1}$$

式中,T_1 为主动齿轮的转矩,d_1 为主动齿轮的分度圆直径,α 为压力角。

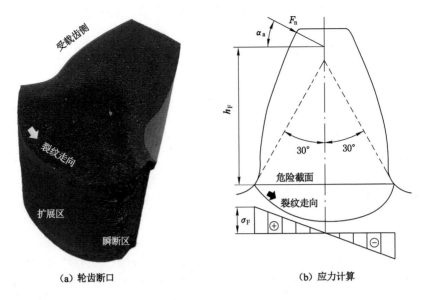

（a）轮齿断口   （b）应力计算

图 3-1　失效机理分析与应力计算

齿轮传动的载荷应计入原动机和工作机的特性、齿轮内部的动载荷、齿宽上载荷分布不均匀性和啮合齿对间载荷分配不均匀性等因素的影响,因此齿轮的计算载荷可表示为：

$$F_{nc} = KF_n \tag{3-2}$$

式中,K 为载荷系数,它由使用系数 K_A、动载系数 K_v、齿向载荷分布系数 K_β 和齿间载荷分配系数 K_α 构成,即 $K = K_A K_v K_\beta K_\alpha$。

若忽略齿面间的摩擦力,那么作用于齿顶的法向力 F_n 可以分解为 $F_n \cos \alpha_a$ 和 $F_n \sin \alpha_a$ 两个力,由于 $F_n \cos \alpha_a$ 产生的剪应力和 $F_n \sin \alpha_a$ 产生的压应力比 $F_n \cos \alpha_a$ 产生的弯曲应力小得多,故可忽略不计,那么,最大齿根弯曲应力可以表示为：

$$\sigma_F = \frac{6F_{nc}h_F \cos \alpha_a}{bS_F^2} \tag{3-3}$$

式中,h_F 为力臂,α_a 为齿顶的载荷作用角,b 为齿宽,S_F 为危险截面齿厚,如图 3-1(a)所示。

将式(3-1)和式(3-2)代入式(3-3)得：

$$\sigma_F = \frac{2KT_1}{bd_1 m} \frac{6\left(\dfrac{h_F}{m}\right) \cos \alpha_a}{\left(\dfrac{S_F}{m}\right)^2 \cos \alpha} \tag{3-4}$$

式中，m 为模数。令 $Y_{\mathrm{F}} = \dfrac{6\left(\dfrac{h_{\mathrm{F}}}{m}\right)\cos\alpha_{\mathrm{a}}}{\left(\dfrac{S_{\mathrm{F}}}{m}\right)^{2}\cos\alpha}$，同时引入应力修正系数 Y_{s} 和重合度系

数 Y_{ε}，最终得到最大齿根弯曲应力的常用表达式为[152]：

$$\sigma_{\mathrm{F}} = \frac{2KT_{1}}{bd_{1}m}Y_{\mathrm{F}}Y_{\mathrm{s}}Y_{\varepsilon} \tag{3-5}$$

式中，Y_{F} 为齿形系数，与齿廓形状有关，与模数 m 无关；Y_{s} 为应力修正系数，用它考虑齿根圆弧处的应力集中。

3.3　齿面接触疲劳失效

在齿轮的实际应用中，齿面接触疲劳也是齿轮最常见的失效形式之一。在啮合力的循环作用下，轮齿工作齿侧的表层可能会萌生裂纹，随后将发展成为不同程度的点蚀与剥落。材料从齿面分离并进入传动系统，又会导致其他构件发生磨粒磨损等失效形式。此外，在齿面的破损处形成了应力集中，并成为轮齿其他失效形式的起始点，如轮齿弯曲疲劳。

当两个曲面在载荷的作用下发生接触时，接触痕迹为一个点或一条线，或者考虑到材料的弹性，可以认为接触痕迹是一个非常小的圆形或椭圆形。很小的接触面积会导致表层形成很高的剪切应力（赫兹应力），最大剪切应力发生在表面以下，如图 3-2 所示。在接触应力的循环作用下，表层材料会出现不同的弹性行为和塑性行为，根据材料的微观结构和晶粒取向可知，在材料的内部形成了应力集中，并最终导致裂纹的萌生。在实践中发现，裂纹萌生通常发生在表层中的夹杂物附近，那些含有硬、脆、带尖角的夹杂物之处最有可能萌生裂纹。

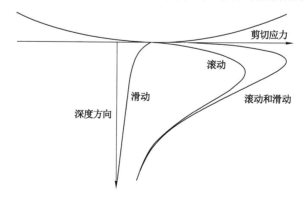

图 3-2　接触表面下的应力分布

3.3.1　滚动接触疲劳

齿面接触疲劳损伤经常发生在以下三个区域之一,即节线上或节线两侧。对于直齿轮、斜齿轮和锥齿轮来说,在节线上仅存在纯滚动应力,而在节线的两侧滚动应力和滑动应力同时存在。一般在节线处的纯滚动导致的应力分布如图 3-2 所示,最大剪切应力通常发生在接触表面以下 0.18~0.30 mm 处,并位于接触点的前方[153]。裂纹在应力最大的地方萌生,并基本上沿着平行于表面的方向扩展。在滚动接触的循环作用下,裂纹可能向着接触表面偏移,最终使表面上的材料分离出来。最初,点蚀坑的边缘与接触表面垂直,但在随后的滚压作用下其形状发生变化。点蚀坑一般非常小,损伤表面大多呈现出"磨砂"的外观,在很多情况下点蚀并不会扩展,有时甚至可以自我修复。

由滚动接触疲劳形成的点蚀与其他原因导致的点蚀有两个不同之处。首先,在损伤表面上不存在塑性变形,这与滑滚(滑动和滚动)接触疲劳点蚀不同;其次,对于含有马氏体和少量残余奥氏体的硬化表面的滚动接触,其损伤表面会形成一种类似于"蝴蝶的翅膀"的微观结构特征,当塑性变形被周围的材料约束时就会形成这种特征,而当剪切应力很高时这个特征会更加明显。

3.3.2　滑滚接触疲劳

当两个接触表面的速度相同时,滚动机制起主导作用;而当它们的速度不同时,滑动特性将被引入到接触系统中,它会明显改变接触表面和次表面的应力分布。可以将滚动方向定义为两个滚动体接触点的移动方向,它总是与滚动体的运动方向相反;另外,将滑动方向与滚动方向相同的接触定义为正滑动,方向相反的定义为负滑动。负滑动使表面材料向一个方向滚动,同时又向另一个方向滑动,因此它产生的应力要比正滑动高。在滚动和滑动的共同作用下,接触表面和次表面的应力分布如图 3-2 所示,最大剪切应力的位置向接触表面移动,最终会导致裂纹萌生于表面。

轮齿的工作齿面上存在着复杂的滑滚运动,并沿着齿廓发生变化。齿顶位置的滑、滚方向相同,因此正滑动机制起主导作用;而在齿根的位置,滑、滚方向相反,因此负滑动机制占主导。由此可见,齿面接触疲劳更有可能在齿根处起始,并且该区域的点蚀通常是非常严重的,严重的点蚀还可能导致轮齿弯曲疲劳的发生。在实践中经常可以发现,小齿轮的齿根处会首先出现接触疲劳损伤,这是因为小齿轮的转数较多,每个轮齿经受了较多的应力循环。为了防止这种情况的发生,一般可以适当提高小齿轮的齿面硬度。齿面接触疲劳的另一个区域经常发生在单对齿啮合时齿廓上的最低位置,即与啮合轮齿的尖端接触的位置。

由于那里形成的接触面积非常小,即使在额定载荷下也会产生较高的应力,而且那里离齿根较近,滑动速度较大。恶劣的负滑动机制,加之高应力和高滑动速度,最终会导致接触疲劳损伤的快速形成。

与纯滚动条件下的接触疲劳损伤不同,在滑滚条件下,表面材料会发生塑性变形,这个特征可以通过金相分析检测到。通过保持良好的润滑条件能够有效地降低塑性变形的程度,从而减小接触疲劳损伤。还有研究表明,当接触表面的硬度高于 HRC 60 时,滑滚机制引起的损伤可以降到最低。另外,当表面硬化层中残余奥氏体的含量达到 10%～20% 时,微观结构能够通过塑性变形来增加接触面积,从而降低了接触应力,最终也可使接触疲劳损伤程度达到最小。然而过多的奥氏体会降低材料的疲劳强度,又可能导致其他形式的失效[154]。

3.3.3　齿面剥落

对剥落的一般解释是物体表面的覆盖物成片地脱落。它是指在接触表面上形成大而深的凹坑,这会使齿轮的承载能力大大降低。凹坑处会产生应力集中,又将成为其他失效形式的起始位置,而从表面上脱落的材料还会造成系统中其他构件的损坏。

在齿面发生剥落的过程中,裂纹萌生机理与其他接触疲劳的相同,造成齿面剥落的主要原因有两个。其一,在应力的循环作用下,点蚀可能会继续发展,裂纹向材料内部扩展,使大块的金属材料从齿面分离而形成凹坑。其二,对于齿面经过硬化的齿轮,次表面疲劳一般是其剥落的主要原因。硬化层与芯部之间的金相缺陷处会成为接触疲劳强度的薄弱位置,由于那里很深,因此当剥落发生时凹坑的深度和尺寸相对较大。由于这种类型的剥落基本上是由于硬化层与芯部的机械性能之间的差异所导致的,因此可以通过材料选择或优化热处理工艺来提高芯部的硬度和强度,或通过增加硬化层深度使层、芯的过渡区位于应力较小的位置。由此可知,齿面和芯部的硬度、硬化层深度以及硬度沿深度方向的变化梯度是控制接触疲劳强度的重要指标。

图 3-3 所示为齿轮试验中获得的齿面接触疲劳失效。在齿面最大接触应力为 2 000 MPa 的应力等级下,齿轮试样(参数见表 4-1)的转数为 10^6 r/min 时齿面出现的点蚀如图 3-3(a)所示,点蚀带位于节线附近靠近齿根一侧。当转数达到 $5×10^6$ r/min 时,点蚀状况有所好转,但在节线附近靠近齿顶一侧的齿面上出现了严重的剥落,如图 3-3(b)所示,从点蚀与剥落的位置可知,剥落并不是由点蚀扩展形成的,而是由于次表面疲劳所导致的。

3.3.4　齿面最大接触应力计算

在齿轮副的啮合过程中,当最少的轮齿对参与啮合时,在理论接触线上产生

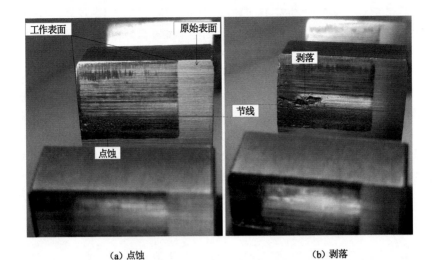

（a）点蚀   （b）剥落

图 3-3　齿面的点蚀与剥落

的最大局部应力称为齿面上的最大接触应力。根据赫兹理论，最大接触应力可以计算如下：

$$\sigma_{\mathrm{H}} = \sqrt{\dfrac{F_{\mathrm{nc}}}{L\rho_{\Sigma}} \dfrac{1}{\pi\left(\dfrac{1-\mu_1^2}{E_1} + \dfrac{1-\mu_2^2}{E_2}\right)}} \tag{3-6}$$

式中，F_{nc} 为计算载荷，$F_{\mathrm{nc}} = KF_{\mathrm{n}}$。$K$ 为载荷系数，它考虑了原动机和工作机的特性、齿轮传动系统内部的动载荷、齿宽上不均匀的载荷分布以及啮合齿对间不相等的载荷分配。F_{n} 为法向总压力，$F_{\mathrm{n}} = \dfrac{2T_1}{d_1\cos\alpha}$。其中，$T_1$ 和 d_1 分别为主动齿轮的扭矩和节圆直径，α 为压力角。L 为接触线长度，$L = \dfrac{b}{Z_{\varepsilon}^2}$。其中，$b$ 为工作齿宽。Z_{ε} 为计算接触强度的重合度系数，它考虑了重合度对齿面接触应力的影响。ρ_{Σ} 为综合曲率半径，$\rho_{\Sigma} = \dfrac{\rho_1\rho_2}{\rho_2 \pm \rho_1}$，$\rho_1$ 和 ρ_2 分别为理论接触线处两个齿廓的曲率半径，正号用于外接触，负号用于内接触。根据渐开线的性质，$\rho_1 = \dfrac{d_1}{2}\sin\alpha$ 并且 $\rho_2 = \dfrac{d_2}{2}\sin\alpha$。$E_1$ 和 E_2 分别为两个齿轮的材料弹性模量，μ_1 和 μ_2 分别为它们的泊松比。

因此，式（3-6）可以表达如下：

$$\sigma_H = Z_\varepsilon \sqrt{\frac{2}{\sin \alpha \cos \alpha}} \sqrt{\frac{1}{\pi \left(\frac{1-\mu_1^2}{E_1} + \frac{1-\mu_2^2}{E_2}\right)}} \sqrt{\frac{2KT_1}{bd_1^2} \frac{u \pm 1}{u}} \qquad (3\text{-}7)$$

使 $Z_H = \sqrt{\dfrac{2}{\sin \alpha \cos \alpha}}$，$Z_E = \sqrt{\dfrac{1}{\pi \left(\dfrac{1-\mu_1^2}{E_1} + \dfrac{1-\mu_2^2}{E_2}\right)}}$，最终，最大齿面接触应力

简单且常用的表达形式如下[105]：

$$\sigma_H = Z_H Z_E Z_\varepsilon \sqrt{\frac{2KT_1}{bd_1^2} \frac{u \pm 1}{u}} \qquad (3\text{-}8)$$

式中，Z_H 为接触区域系数，它考虑了接触线处齿廓形状对接触应力的影响。将 Z_E 称为弹性系数，u 为齿数比，$u = \dfrac{z_2}{z_1} = \dfrac{d_2}{d_1}$。

3.4　本章小结

　　轮齿的弯曲疲劳失效和接触疲劳失效是齿轮十分普遍的两种失效形式，本章针对这两种失效形式进行了详细的失效机理分析，同时对其常用的应力计算方法进行了介绍，同时得到了以下结论。

　　(1) 对于轮齿的弯曲疲劳失效，其最大拉应力发生在受载齿侧(主动齿侧)的齿根表面，最大压应力发生在另一侧(被动齿侧)的齿根表面，零应力点在轮齿中心线与齿根圆的交点下方。主动齿侧齿根处的应力集中系数可以从 1.4 变化到 2.5，因此那里将成为疲劳裂纹萌生的优先部位。裂纹在齿根表面萌生后便向零应力点扩展，随着裂纹的不断扩展，零应力点会向被动齿侧的齿根下方移动，当轮齿的剩余材料无法承受外部载荷时，轮齿就会在瞬间折断。首断齿的疲劳断口上一般可以看到明显的裂纹扩展区和瞬断区，裂纹扩展区较光滑，瞬断区较粗糙且具有闪烁的金属光泽，同时还有较多的韧性断裂特征。

　　(2) 齿面接触疲劳损伤经常发生在节线上和节线两侧的三个区域之一，在节线上仅存在纯滚动应力，而在节线的两侧滚动应力和滑动应力同时存在。最大剪切应力通常发生在接触表面以下 0.18～0.30 mm 处，并位于接触点的前方。裂纹在应力最大的地方萌生，并基本上沿着平行于表面的方向扩展。在滚动接触的循环作用下，裂纹可能向着接触表面偏移，最终使表面上的材料分离出来。最初，点蚀坑的边缘与接触表面垂直，但在随后的滚压作用下其形状发生变化。点蚀坑一般非常小，损伤表面大多呈现出"磨砂"的外观，在很多情况下点蚀并不会扩展，甚至可以自我修复。另外，由滚动接触疲劳形成的点蚀与其他原因导致的点蚀有两个不同之处。首先，在损伤表面上不存在塑性变形；其次，对于

含有马氏体和少量残余奥氏体的硬化表面的滚动接触,其损伤表面会形成一种类似于"蝴蝶的翅膀"的微观结构特征,当塑性变形被周围的材料约束住时就会形成这种特征,而当剪切应力很高时这个特征会更加明显。

(3) 当两个接触表面的速度相同时,滚动机制起主导作用;而当它们的速度不同时,滑动特性将被引入到接触系统中,它会明显改变接触表面和次表面的应力分布。在滚动和滑动的共同作用下,最大剪切应力的位置会向接触表面移动,最终会导致裂纹萌生于表面。轮齿工作齿面上的滑滚运动沿着齿廓位置发生变化,齿顶位置的滑、滚方向相同,因此正滑动机制起主导作用;而在齿根的位置滑、滚方向相反,负滑动机制占主导,因此齿面接触疲劳更有可能在齿根处起始,并且该区域的点蚀通常是非常严重的,严重的点蚀还可能导致轮齿弯曲疲劳的发生。齿面接触疲劳的另一个区域经常发生在单对齿啮合时齿廓上的最低位置,即与啮合轮齿的尖端接触的位置。由于那里具有恶劣的负滑动机制,加之高应力和高滑动速度,最终会导致接触疲劳损伤的快速形成。

(4) 在齿面发生剥落的过程中,裂纹萌生机理与其他接触疲劳的相同,造成齿面剥落的主要原因有两个。其一,在应力的循环作用下,点蚀可能会继续发展,裂纹向材料内部扩展,使大块的金属材料从齿面分离而形成凹坑。其二,对于齿面经过硬化的齿轮,次表面疲劳一般是其剥落的主要原因。硬化层与芯部之间的金相缺陷处会成为接触疲劳强度的薄弱位置,由于那里很深,因此当剥落发生时凹坑的深度和尺寸相对较大。

第4章　齿轮可靠性试验方法

许多齿轮传动的问题是多种影响因素的综合体现,对于一些问题的理论分析与数学计算,精度难以保证或是计算过程复杂,只有通过试验才能得到理想的结果。ISO齿轮承载能力计算方法综合了已有的大量研究成果,其中的许多系数和各种材料的轮齿疲劳极限应力都是在大量试验的基础上获得的。通过齿轮疲劳试验可以有效地获得指定材料、结构参数、载荷环境及失效形式下的齿轮强度信息,本次试验的目的是测定特定的齿轮试样在给定应力水平下的疲劳寿命数据,并将数据的统计结果作为行星齿轮传动系统可靠性预测模型的强度输入变量。

4.1　试验设备的选用

通过第3章对齿轮的失效分析可知,轮齿弯曲疲劳强度和齿面接触疲劳强度是评定齿轮承载能力的两个重要指标。针对这两个指标的齿轮试验设备主要有非旋转式和旋转式两类,考虑到试验目的和要求的不同,可以选择不同的齿轮试验设备,它们的结构形式、运行方式以及加载方法等都有很大的差别。

4.1.1　脉动加载轮齿弯曲疲劳试验设备

脉动加载轮齿弯曲疲劳试验设备为非旋转式的齿轮试验机,如图4-1所示,在高频疲劳试验机上利用专门的卡具将齿轮固定,压在轮齿上的压头作脉动循环加载,可以使轮齿发生弯曲疲劳折断。试验中脉动载荷仅施加在轮齿上,试验齿轮不做旋转啮合运动。这种试验设备能够很好地适用于单参数的性能对比试验,用以判断不同载荷、材料、齿形等因素对轮齿弯曲疲劳强度的影响,而且节省试样、试样安装方便,在一些研究中得到了较好的应用。但是,采用这种试验设备进行轮齿弯曲疲劳试验,轮齿的试验载荷状态和实际的工作载荷状态存在一定的差异,它无法反映出轮齿在啮合过程中的应力变化规律,由此获得的试验结果也无法有效地应用于齿轮的寿命与可靠性预测的相关研究中。

图 4-1　脉动加载齿轮疲劳试验机

4.1.2　功率流封闭式齿轮旋转试验设备

功率流封闭式齿轮旋转试验设备可将齿轮副在旋转啮合的状态下进行试验,图 4-2 所示的 FZG 齿轮试验机为这类设备的典型代表。这种试验设备一般由驱动装置、传动装置、加载装置、齿轮失效监测装置、润滑装置、测试装置六部分组成。它不但可以完成齿轮的性能对比试验,还能够有效地模拟齿轮的实际工作状态,获得有效的齿轮寿命数据。但是对于软齿面齿轮,由于其接触疲劳强度低于弯曲疲劳强度,在试验过程中接触疲劳失效一般会先于弯曲疲劳失效,因此采用这种试验机进行软齿面轮齿的弯曲疲劳试验往往是困难的。由于本次试验的齿轮试样是经过渗碳的硬齿面齿轮,并考虑到试验的主要目的是为行星齿轮传动系统可靠性预测模型提供齿轮的强度信息,因此齿轮疲劳试验采用了功率流封闭式齿轮旋转试验设备。

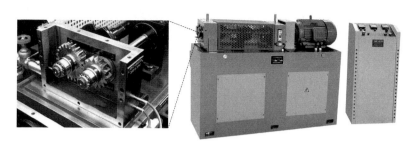

图 4-2　FZG 齿轮试验机

4.2　试验设备的功能分析

4.2.1　工作原理

功率流封闭式齿轮旋转试验设备主要由试验齿轮副、陪试齿轮副、弹性扭力轴和加载器等共同组成一个功率封闭系统,如图 4-3 所示。加载器可在静止的状态下将扭矩施加于系统中,在试验齿轮副和陪试齿轮副啮合力的作用下,将使具有高扭转变形容量的弹性扭力轴发生弹性变形,当锁住加载器时便可将扭矩封闭在整个系统中。由于产生了变形的扭力轴中储存着弹性内力,这将使试验齿轮上始终承受着相应的载荷。电机只是用来克服系统中的摩擦阻力而使齿轮旋转,因此这种试验设备有效地克服了耗能大的缺点。

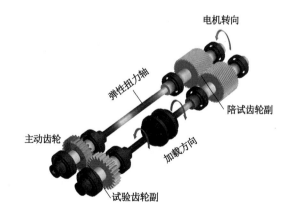

图 4-3　功率流封闭式齿轮旋转试验设备的工作原理

在这个封闭系统中,功率在试验齿轮副和陪试齿轮副之间循环流动,形成循环功率流,因此只要从外界输入较小的能量便可保持系统的运转。电机供给的能量主要用于补偿封闭系统中各个零部件在运转过程中的摩擦功率损失,其值为封闭功率值的 10%~15%。在电机轴线一侧的两个齿轮中,陪试齿轮副中的是从动轮,它传递的功率是系统中 4 个齿轮传递功率的最小值。而试验齿轮副中的是主动轮,它传递的功率是 4 个齿轮中的最大值,加之试验齿轮副的齿宽较小,应力较大,因此它在疲劳试验中一般会最先失效。一旦发生失效,试验齿轮副中的载荷状态便会改变,所以找出这个最先失效的齿轮并将它的寿命数据作为收集目标是必要的。在封闭系统中,齿轮的主、从动关系取决于加载方向和电机旋转方向,齿轮的受力方向与旋转方向相反的为主动轮,而各个齿轮的受力方向或工作齿面只取决于加载方向。

4.2.2　锥面摩擦加载器

　　加载器是齿轮试验设备中的重要组成部分,它的性能会直接影响到试验结果的准确性。锥面摩擦加载器可以很好地实现对功率流封闭式试验设备的加载,如图 4-4 所示,它主要由外锥联轴器①和内锥联轴器②组成,联轴器的外缘上加工有止口,供装夹机械杠杆使用,通过杠杆将左右两半联轴器向相反方向转动,可使弹性扭力轴产生弹性变形并存储能量。为了保证加载过程中两半联轴器严格对中,减小它们之间的摩擦阻力,提高加载精度,在其内部安装了滚针轴承④。连接螺栓③的头部设计成方形,加载时可以在外锥联轴器的丁字槽中任意滑动。当加载完成并拧紧螺栓时,两半联轴器靠斜面之间的摩擦力锁紧而成为一个刚性的联轴器,能量便被封闭在整个系统中。

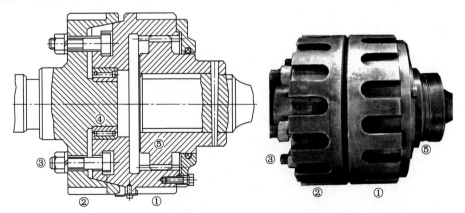

①—外锥联轴器;②—内锥联轴器;③—连接螺栓;④—滚针轴承;⑤—外齿轴套。

图 4-4　锥面摩擦加载器

这种加载器只能在试验机静止的状态下进行加载,不能在运转过程中改变载荷的大小和方向。但由于它加载精度高,对扭转的行程角无限制,且运行可靠、制造成本低廉,因此在齿轮试验设备中得到了十分广泛的应用。

4.2.3 加载扭矩与运转扭矩的关系

试验中使用的试验设备只能在静止的状态下加载,加载器上的静态加载扭矩与齿轮在旋转状态下的动态运转扭矩是不相等的。由于运转扭矩直接决定着试验齿轮的应力大小,因此需要确定加载扭矩和运转扭矩之间的关系,以确保试验数据的准确性。

假设试验设备的加载方向与电机转向如图 4-5 所示,将加载器所在的轴命名为轴 1,弹性扭力轴命名为轴 2,轴上构件的命名与轴同号。在静止状态下施加于轴 1 上的静扭矩为 T_{01},轴 2 上的静扭矩为 T_{02},那么它们的关系可表示为:

$$T_{02} = u\eta_0 T_{01} \tag{4-1}$$

式中,u 为试验齿轮 2 与试验齿轮 1 的齿数比,$u = \dfrac{z_2}{z_1}$;η_0 为陪试齿轮箱的静效率,它仅考虑静摩擦,可根据实测数据确定。

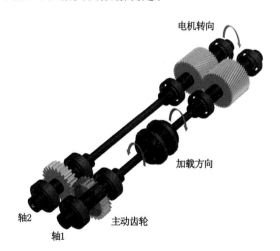

图 4-5 试验机的工作状态

设 k_1 和 k_2 分别为轴 1 和轴 2 的扭转刚度,则轴 1 和轴 2 的扭转角分别为:

$$\varphi_{01} = k_1 T_{01} \tag{4-2}$$

$$\varphi_{02} = k_2 T_{02} = u\eta_0 k_2 T_{01} \tag{4-3}$$

完成加载并启动试验设备,在其运转过程中,为了克服传动件的摩擦阻力,轴 1 上的扭矩 T_{01} 将增大到 T_1,相应的扭转角为:

$$\varphi_1 = k_1 T_1 \tag{4-4}$$

而轴 2 上的扭矩 T_{02} 将减小到 T_2,相应的扭转角为:

$$\varphi_2 = k_2 T_2 \tag{4-5}$$

同时,轴 2 与轴 1 的运转扭矩之间的关系为:

$$T_2 = u\eta T_1 \tag{4-6}$$

式中,η 为试验齿轮箱的传动效率。

根据封闭系统的变形协调条件,静态加载时系统中产生的总扭转角应该等于运转状态下系统中产生的总扭转角,其表达关系如下:

$$\varphi_{01} + u\varphi_{02} = \varphi_1 + u\varphi_2 \tag{4-7}$$

将式(4-2)~式(4-5)代入式(4-7)中并整理可得:

$$T_1 = \left(\frac{k_1 + u^2 \eta_0 k_2}{k_1 + u^2 \eta k_2}\right) T_{01} \tag{4-8}$$

上式表达了轴 1 上的加载扭矩与轴 1 上的运转扭矩之间的关系,式中的 k_1、k_2 和 u 都是定值,而试验齿轮箱的传动效率 η 与加载扭矩 T_{01} 和电机转速有关。

如果改变电机的旋转方向,而加载方向不变,即图 4-3 所示的工作状态,可以采用同样的分析方法推导出轴 2 上的运转扭矩与轴 1 上的加载扭矩之间的关系为:

$$T_2 = \left(\frac{uk_1 + u^2 \eta_0 k_2}{\eta k_1 + u^2 k_2}\right) T_{01} \tag{4-9}$$

通过以上分析可以发现,在这个封闭系统中,各个构件所承受的载荷大小在静态和动态下是不一样的,试验齿轮副中的主动齿轮承受的实际运转扭矩要比加载扭矩大一些。在试验过程中,需要根据选定的应力等级确定运转扭矩的大小,再根据运转扭矩与加载扭矩之间的关系来确定需要施加的静态载荷。

4.3 齿轮试样的基本要求

齿轮试样的设计和准备,是齿轮试验前的重要工作之一。由于齿轮试样是试验研究的对象,如果设计不合理,或者质量控制不严,都将会影响试验的结果,轻者造成试验数据过度离散,重者导致整个试验失败。因此,齿轮试样一般应满足以下基本要求。

(1)齿轮试样的结构参数、表面状态、热处理质量及载荷条件等因素应尽量与实际的服役齿轮相似。齿轮的结构形式和应力状态比较复杂,不同的齿轮由于尺寸效应、应力集中效应及表面完整性等因素导致的机械性能差异会比较明显,所以应尽量使试样与实际产品的主要参数相同。但考虑到实际齿轮的几何尺寸往往较大,如果使两者的尺寸相同,可能会在材料与加工费用、试验动力消耗等方面造成一定的浪费,同时又为试验过程中的安装、控制和监测增加了困难。因此一般采用较小的齿轮试样对实际齿轮传动做模拟性试验,但需要对如下问题做具体考虑。

① 齿轮试样的模数、直径、齿宽、以长度单位计量的其他参数,尽量为实际齿轮相应参数的 $1/n$(n 为整数)。

② 试验过程中,齿轮试样的转速应为实际齿轮额定转速的 n 倍,这样可使齿轮试样的圆周速度和实际齿轮的相等,从而保证了齿轮试样的动载荷情况和实际齿轮的相似,同时要避免引起试验设备的局部共振。

(2) 所有齿轮试样的材料及热处理工艺应严格保证一致。显然,材料性能对齿轮承载能力的影响是很大的,如果一批齿轮试样材料的一致性较差,势必会使试验数据过于离散,很难得到对于研究目标的规律性结果。

① 对于同一批齿轮试样的原材料来说,应使用同一个牌号,且采用同一炉冶炼的材料,尽量使其化学成分和非金属夹杂物等指标保持一致。

② 对于同一批齿轮试样,应进行同一炉热处理工艺,并使炉内尽量保持均匀的碳浓度分布和温度分布,保证热处理结果的一致性。

③ 同一批齿轮试样,最后应严格测定其化学成分、表面和芯部硬度、金相组织、晶粒大小、硬化层深度和沿深度方向的含碳量变化梯度、齿面及齿根表面的残余应力等。并且应采用统计检验方法,剔除不合格的试样。

(3) 所有齿轮试样的加工设备和制造工艺应严格保持一致。齿轮的加工过程对齿轮承载能力的影响也很大,因此,加工设备与制造工艺参数也必须要严格保持一致。

① 同一批齿轮试样,根据加工精度要求,应在指定制造厂生产的同一型号机床上进行加工。

② 对于同一批齿轮试样,应保证加工刀具的种类、参数和精度的一致性,同时选用相同的切削液。

③ 同一批齿轮试样的制造工艺参数应严格保持一致,其中包括切削速度、刀具进给量、磨削余量、切削与磨削的方向、切削液的供给量等。

④ 同一批齿轮试样,最后应严格地测定各项加工误差,其中主要包括基节偏差、齿形偏差、齿向偏差以及齿顶圆直径偏差等。采用统计检验方法,剔除其中不合格的试样,使它们在加工误差方面尽可能一致。

(4) 齿轮试样应达到同样的跑合后状态。齿轮跑合后的状态会显著影响齿轮的应力和寿命,因此保证同一批齿轮试样具有相同的跑合后状态,能有助于减小试验数据的分散性。

① 试验开始前,应在空载情况下对齿轮试样进行跑合,如运转正常,再进行轻载跑合(跑合载荷为试验载荷的 $10\%\sim20\%$),以免损伤齿轮试样。

② 一般在油润滑状态下跑合,其润滑状态尽可能和试验时相同。对难以达到跑合要求的齿轮试样,必要时可采用性能优良的跑合剂。应避免采用电火花或电解跑合,以免损坏齿面。

③ 跑合时间应视齿轮试样跑合后的状态而定,一般可根据工作齿面的粗糙度来确定。

对于同一批齿轮试样,经过严格的设计、选材、加工和跑合后,应将主要关注的指标控制在一定的误差范围内。同时,在进行主、从动齿轮试样配对时,应尽可能使它们的硬度差、齿宽差、顶圆直径差等接近。

4.4 齿轮弯曲疲劳试验

齿轮在循环载荷的长期作用下,强度性能会逐渐衰减,这种动态变化特性受多种因素的影响,无法直接根据理论分析简单而精确地得到。通过试验可以有效获得相关齿轮的强度信息,其中可以考虑到材料性能、结构参数及载荷环境等因素对强度的影响。在直升机行星齿轮传动系统的可靠性研究中,需要将系统中各个齿轮的轮齿寿命信息作为可靠性预测模型的强度输入变量,因此本次试验的目的是获得相关齿轮试样的轮齿弯曲疲劳寿命数据。对于轮齿强度的试验研究,学者们一般采用脉动加载方式获得其寿命数据,但轮齿在啮合过程中其根部为多轴应力状态,润滑对应力的影响也是显而易见的[155],脉动加载试验不能反映出轮齿的许多动态特性。为了准确预测行星齿轮传动系统的可靠性,本次试验使用了功率流封闭式齿轮旋转试验设备,因为它能够有效地模拟轮齿的实际工作状态,从而能够保证可靠性的预测精度。

4.4.1 试验设备参数

试验设备的主体部分为功率流封闭式齿轮试验台,如图 4-6 所示。加载器可以将扭矩封闭在齿轮系统中,并且在试验过程中并未发现卸载现象。在安装齿轮试样时,将全部齿宽作为工作齿宽,并通过啮合质量检查确保啮合良好。采用喷油方式对齿轮进行润滑和冷却,水循环系统可以将回油温度控制在 60 ℃以下。电机转速恒定为 2 000 r/min,转数记录装置的误差不大于 0.1%,振动监测仪器可以实现断齿自动停机。在试验开始以前,我们根据《齿轮弯曲疲劳强度试验方法》(GB/T 14230—2021)中的要求对整个试验设备进行了标定。

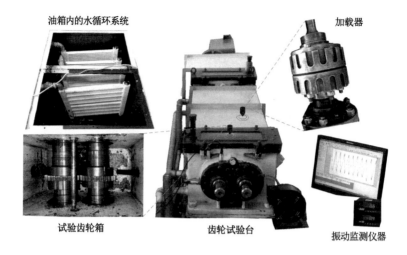

图 4-6　齿轮试验设备

4.4.2　齿轮试样参数

齿轮试样参数列于表 4-1 中,其外观如图 4-7 所示。通过对表 4-1 与表 9-1 的比较可以发现,齿轮试样的主要参数与行星齿轮传动系统中齿轮的参数基本相同。另一个更为重要的要求是,两者的制造设备和工艺流程要尽可能一样,这样在行星齿轮传动系统的可靠性建模过程中可以回避对齿轮的尺寸效应、表面效应和应力集中效应等因素的考虑,在简化了模型的同时又保证了可靠性的预测精度。此外,对所有齿轮试样进行了超声波检测,并剔除了存在明显缺陷的试样。

表 4-1　齿轮试样参数表

模数/mm	4	齿根圆角半径/mm	2
齿数	25	齿根粗糙度/μm	10
压力角/(°)	20	ISO 质量等级	6
螺旋角/(°)	0	材料	20CrMnTi
齿宽/mm	20	精加工方法	磨削
齿厚/mm	6.6	渗碳层深度/mm	0.8±0.13
基节/mm	11.8	表面硬度 HRC	59~63
变位系数	0.1	芯部硬度 HRC	35~48

图 4-7　齿轮试样

4.4.3　加载扭矩的确定

　　试验机只能在静止的状态下加载,加载扭矩与工作状态下的运转扭矩在数值上存在一定的差别。为了确保试验数据的准确性,首先需要根据应力等级确定运转扭矩,再根据运转扭矩与加载扭矩之间的关系,最终确定加载扭矩与应力等级之间的对应关系。在本次试验过程中采用了图 4-5 所示的试验机工作状态,并根据式(4-9)可以得到表 4-2 中的计算结果。

表 4-2　齿根弯曲应力计算结果

加载扭矩/(N·m)	静态应力/MPa	动态应力/MPa
1 182	626	649
1 125	596	618
1 068	566	586
1 011	535	555

　　从表 4-2 中可以看到,每个应力等级下的静态应力与动态应力大约相差 20 MPa,达到了应力级差的 67% 左右,且随着应力等级的提高,相差的数值也在不断增加。由此可见,如果忽略了静态应力与动态应力之间的差别,势必会给试验结果带来很大的误差。

4.4.4　轮齿失效的监测与判据

在试验过程中,当有轮齿发生断裂时,试验台一些部位的振动强度会发生明显变化,这是监测轮齿失效的一个特征信号,故可使用振动监测仪器来实现断齿自动停机。在试验中发现绝大部分断齿发生在主动齿轮上,因此将两个加速度传感器放置在主动齿轮附近的轴承处,如图 4-8(a)所示,用于监测水平方向和竖直方向的加速度变化。当齿根裂纹扩展到一定尺寸时,监测部位的振动和冲击明显增大,当振动幅值超过预先设定的报警值时,电机将自动停止。失效的轮齿如图 4-8(b)所示,它们并没有完全脱落,裂纹的尺寸和形状基本相同,失效状态基本一致,从而也证明了试验数据的准确性。

(a) 加速度传感器的安放位置　　　　　　　　(b) 失效的轮齿

图 4-8　轮齿失效的监测与判据

4.4.5　试验方法与数据处理

试验采用成组法,选用的 4 个应力等级分别为 649 MPa、618 MPa、586 MPa和 555 MPa,即表 4-2 中所示的动态应力值。随着应力等级的降低,齿轮寿命的分散性逐渐增大,因此在较低的应力等级下安排较多的试验点。最高应力等级安排了 17 个试验点,接下来的试验点数分别为 22 个和 29 个。当应力等级降到555 MPa 时,试验数据的分散性明显增加,因此在这个应力等级下采用了 38 个试验点。开始记录寿命之前,将齿轮试样在 20% 的试验载荷下跑合 2 h,其他详细的试验要求见《齿轮弯曲疲劳强度试验方法》(GB/T 14230—2021)。将齿轮旋转一圈定义为一次寿命,并使用两参数威布尔分布函数对每个应力水平下的试验数据进行拟合,拟合结果和概率密度曲线分别如图 4-9(a)和图 4-9(b)所示,可以看到,两参数威布尔分布函数可以很好地表达齿轮弯曲疲劳寿命的数据分布情况。

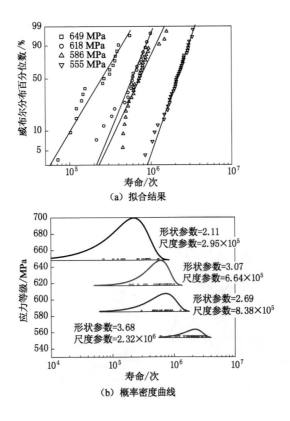

（a）拟合结果

（b）概率密度曲线

图 4-9　试验数据及其统计分析结果

4.5　齿轮齿面接触疲劳试验

4.5.1　试验目的与设备

为了有效预测风电齿轮传动系统的可靠性,本书通过齿轮齿面接触疲劳试验获得了特定齿轮的寿命数据,并通过统计计算得到了齿轮齿面接触疲劳的 P-S-N 曲线,可将其作为可靠性模型的强度输入变量。为了使试验数据能够更好地反映服役齿轮的强度特性,我们使齿轮试样的材料和制造工艺等尽量与风电设备中的齿轮相同。但考虑到风电齿轮的尺寸较大,如果使齿轮试样与实际齿轮的尺寸相同,会对试验造成困难,因此将齿轮试样的模数定为实际齿轮的 $1/n$ 倍,同时将齿轮试样的转速设定为实际齿轮额定转速的 n 倍,这样可使齿轮试样的圆周速度和实际齿轮的相近,从而保证了齿轮试样的动载荷情况和实际齿轮的相似。齿轮试样的参数和外观分别见表 4-3 和图 4-10,图 4-10 中展示了本次试验所使用的齿轮接触疲劳试验设备,它同样采用功率流封闭的原理进行工作,其加载扭矩误差可以控制在±1.5%以内。对于齿轮失效的监测,我们使用了高分辨率的线性摄像机,每隔 2 h 对小齿轮的齿面进行一次扫描,并通过软件对齿面的形貌进行分析和重建。通过软件可以计算出齿面的点蚀面积率,在小齿轮的各个轮齿上,当点蚀的总面积占工作齿面的总面积达到 2%时就认为试样达到了失效状态,这时小齿轮的转数便是需要收集的寿命数据。

表 4-3　齿轮试样参数

法向模数/mm	8	重合度	2.01
齿数	18/22	ISO 质量等级	6
法向压力角/(°)	20	材料	20CrMnTi
螺旋角/(°)	15	渗碳层深度/mm	1.0±0.15
工作齿宽/mm	50/60	齿面硬度 HRC	59～63
法向齿厚/mm	13.73	芯部硬度 HRC	35～48
啮合线长度/mm	58.41	精加工方法	磨削

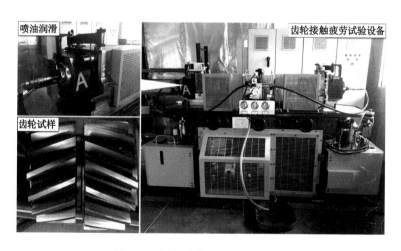

图 4-10　圆柱齿轮接触疲劳试验机

4.5.2　试验方法与数据处理

在试验过程中同样考虑了静态应力与动态应力之间的差别,利用成组法在 3 个动态应力等级下进行齿面接触疲劳试验。在恒幅循环应力作用下,载荷水平越低疲劳寿命数据越分散。因此,在最大接触应力为 2 200 MPa 的等级下采用了 12 个数据点;随着应力等级的降低增加试验点数,2 000 MPa 应力等级下采用了 16 个数据点;当应力等级降到 1 800 MPa 时试验数据的分散性明显增强,因此在这个等级下采用了 24 个数据点。在记录试验数据之前,将齿轮副在 15% 的试验载荷下跑合 2 h 以达到期望的齿面状态,试验的其他详细要求参见《齿轮弯曲疲劳强度试验方法》(GB/T 14230—2021)。如图 4-11 所示,横坐标为齿轮的齿面接触疲劳寿命 N,纵坐标为应力等级 S,使用两参数威布尔分布函数拟合各个应力等级下的试验数据,在横坐标以对数形式表示的条件下,采用最小二乘法并根据各条概率密度曲线的相同可靠度分位点拟合出 P-S-N 曲线,相关参数见表 4-4。根据每条 S-N 曲线的相关系数 R^2 可以发现,不同应力等级下的相同可靠度分位点具有很强的线性相关性,因此也说明了得到的 P-S-N 曲线具有较好的使用价值。

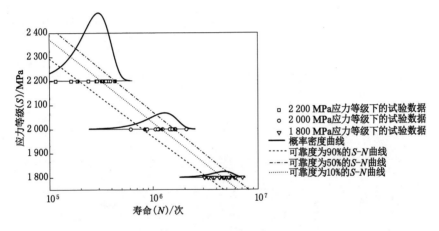

图 4-11 齿面接触疲劳的 P-S-N 曲线

表 4-4 试验数据的拟合参数

应力等级 /MPa	两参数威布尔分布		P-S-N 曲线	$y = ax + b$		R^2
	形状参数 β	尺度参数 θ		a	b	
2 200	3.649	0.32×10^6	90%可靠度	−325.9	3 923	0.979
2 000	3.757	1.40×10^6	50%可靠度	−346.1	4 104	0.983
1 800	4.924	4.98×10^6	10%可靠度	−355.4	4 204	0.982

4.6 本章小结

使用功率流封闭式齿轮旋转试验设备分别完成了轮齿弯曲疲劳试验与齿轮齿面接触疲劳试验。在指定齿轮失效模式下,获得了 106 个齿轮弯曲疲劳寿命齿轮数据和 52 个齿轮齿面接触疲劳寿命数据,为相应的行星齿轮传动系统可靠性模型提供了齿轮强度信息,同时在试验过程中得到了以下结论。

(1)脉动加载齿轮弯曲疲劳试验设备可以有效完成单参数的性能对比试验,但齿轮试样的试验载荷状态和实际的工作载荷状态存在一定的差异,它无法反映轮齿在啮合过程中的应力变化规律,由此获得的试验结果也无法有效地应用于齿轮的寿命与可靠性预测的相关研究中;而功率流封闭式齿轮旋转试验设备不但可以完成齿轮的性能对比试验,还能够有效地模拟齿轮的实际工作状态,获得有效的齿轮寿命数据,这是本试验选择该设备的主要原因。

(2)在使用功率流封闭式齿轮旋转试验机进行疲劳试验时,需要注意收集主动试验齿轮的寿命数据。齿轮的主、从动关系取决于加载方向和电机旋转方向,齿轮的受力方向与其旋转方向相反的齿轮为主动轮。一般主动齿轮会先于从动齿轮失效,一旦发生失效,试验齿轮副中的载荷状态便会改变,因此对主动试验齿轮的准确判别是保证试验数据准确、有效的前提条件。

(3)对于功率流封闭式齿轮旋转试验设备,各个构件所承受的载荷大小在静态和动态下是不一样的,试验齿轮副中的主动齿轮承受的实际运转扭矩要比加载扭矩大一些。在试验过程中,需要根据选定的应力等级确定运转扭矩的大小,再根据运转扭矩与加载扭矩之间的关系来确定需要施加的静态载荷。从计算结果可以看到,每个应力等级下的静态应力与动态应力大约相差 20 MPa,达到了应力级差的 67% 左右,且随着应力等级的提高,相差的数值也在不断增加。由此可见,如果忽略了静态应力与动态应力之间的差别,势必会给试验结果带来很大的误差。

(4)对于确保试验质量的第三个要求是对齿轮试样的规定。齿轮试样的结构参数、表面状态、热处理质量及载荷条件等因素应尽量与实际服役齿轮的相似,同一批齿轮试样的材料及热处理工艺、加工设备及制造工艺等应严格保证一致,同时齿轮试样还应达到同样的跑合后状态。

(5)在齿轮弯曲疲劳试验中,在 649 MPa、618 MPa、586 MPa 和 555 MPa 的应力等级下分别获得了 17 个、22 个、29 个以及 38 个数据点,一共得到了 106 个齿轮寿命数据。在试验过程中使用振动监测仪器实现了断齿自动停机,保证了寿命数据的准确性,为直升机行星齿轮传动系统的可靠性预测模型提供了有效的轮齿强度信息。

（6）在齿面接触疲劳试验中，分别在 2 200 MPa、2 000 MPa 和 1 800 MPa 的应力等级下获得了 12 个、16 个和 24 个数据点，并通过统计计算得到了齿面接触疲劳的 $P\text{-}S\text{-}N$ 曲线。在试验过程中使用高分辨率的线性摄像机对齿面的点蚀情况进行了定时监测，保证了寿命数据的准确性，为风电齿轮传动系统的可靠性预测模型提供了有效的齿轮强度信息。

第5章　基于响应面和 MCMC 法的齿轮接触强度可靠性分析

5.1　概述

在齿轮运转过程中轮齿受载,工作齿面上的啮合处产生接触应力,在反复交替作用下,造成轮齿表面出现微小的疲劳裂纹,裂纹不断扩展,从齿面脱落材料后形成麻点状小坑,从而出现齿面点蚀,齿廓遭到破坏后,使传动性能恶化,振动和噪声增大。因此,齿轮接触强度不仅影响着齿轮的承载能力、齿轮的寿命,而且齿面点蚀还会影响齿轮动态性能,引起振动和噪声。受加工、装配及外界环境等影响,齿轮的安装误差、制造误差、外部载荷等因素均具有随机性,这些随机因素对齿轮啮合接触应力有着重要影响[156-157],从而导致齿面点蚀等失效故障。故将齿面接触点蚀破坏作为一种失效准则,保证齿面接触强度的概率称为接触强度可靠度。

在齿轮接触强度可靠性分析时,由于人力、物力和财力等因素的限制,很难通过开展实际试验来获取大量的数据,常规的齿轮接触强度可靠性设计方法是将这些随机因素作为固定常量或将其进行适当简化,通过引入载荷系数来考虑误差因素。但是这种方法在很大程度上取决于人为经验,很难精确地进行齿轮可靠性分析。近年来,通过虚拟数值仿真代替系统响应并与抽样方法(如 Monte Carlo、重要抽样、子集模拟等方法)相结合已成为可靠性分析方法所常用的工具之一。然而,即使采用虚拟数值仿真代替系统响应,由于单次计算量大、抽样次数多,也很难在短时间内进行大样本的可靠度计算。基于此,为解决隐式功能函数计算量大的问题,近年来,在机械可靠性工程中常采用响应面法来替代虚拟数值仿真进行可靠度计算,该方法具有操作简单、易理解和易编制程序等优点。

5.2 基于响应面的可靠性分析方法

响应面方法最早由 G. Box 等[158]提出，由于在结构可靠性分析时，响应面法能够解决极限状态函数为隐式且计算量过大的问题，它不需要知道结构系统内部的情况，只要把输入、输出的关系用一个拟合关系式联系起来。响应面法计算程序容易编制、使用方便，故普遍应用于化工、制药、农业和机械等领域。

基于响应面可靠性分析方法的基本思想是：假定结构系统响应 y 与影响结构的随机参数向量 $x = [x_1, x_2, \cdots, x_n]^T$ 的关系可用某含有交叉项的二次函数描述，用某种取样方法得到随机参数向量的 m 个样本点，对这 m 个样本点进行试验或数值分析得到结构响应的一组样本点 $y = [y_1, y_2, \cdots, y_m]^T$，通过回归分析最小二乘法得到响应面函数，在后续的可靠性分析时采用响应面函数代替系统响应状态函数，故可大大节约计算和分析时间。

响应面函数的表达式为：

$$\hat{y} = c_0 + \sum_{i=1}^{n} c_i x_i + \sum_{i=1}^{n} \sum_{j=i}^{n} c_{ij} x_i x_j \tag{5-1}$$

式中，c_0、c_i、c_{ij} $(i=1, 2, \cdots, n; j=i, \cdots, n)$ 是待定系数，共 $n+1+n(n+1)/2$ 个。

根据问题的需要采用一种试验设计（Design of Experiment，DOE），如 Box-Behnke、中心复合设计、拉丁超立方、全因子法设计、部分因子法设计、D-optimality 准则法等方法确定样本点。

当随机变量为任意分布时，采用式（5-2）来计算水平点值 x_i：

$$\int_{-\infty}^{x_i} f(x)\mathrm{d}x = p_i \tag{5-2}$$

式中，$p_i (i=1, 2, 3)$ 表示变量 x 的概率水平，根据概率论与数理统计中的 3σ 法则[159]，即正态分布随机变量 x 的值落在 $(\mu-3\sigma, \mu+3\sigma)$ 范围内是大概率发生的，取 $p_1 = 0.001\,3$、$p_2 = 0.5$、$p_3 = 0.998\,7$，分别对应于 $\Phi^{-1}(p_1) = -3$，$\Phi^{-1}(p_2) = 0$，$\Phi^{-1}(p_3) = 3$；$f(x)$ 是随机变量 x 的概率密度函数；x_i 表示变量 x 的水平点值，如 x_1 为随机变量取到的最小值，x_2 为随机变量取到的中值，x_3 为随机变量取到的最大值。

当随机变量为正态分布且已知 μ 和 σ 为均值和标准差时，水平点 x_i 按式（5-3）确定：

$$x_i = \mu + \sigma \Phi^{-1}(p_i) \tag{5-3}$$

式中，$\Phi^{-1}(\cdot)$ 为标准正态分布逆函数。

当随机变量为正态分布且已知随机变量的水平点值 x_n 时，变量 μ 和 σ 可通过

3σ 法则得到,将 $\Phi^{-1}(p_1)=-3$,$\Phi^{-1}(p_2)=0$,$\Phi^{-1}(p_3)=3$ 代入式(5-2)与式(5-3)得到式(5-4),即:

$$\Rightarrow \begin{cases} x_3 = \mu + 3\sigma \\ x_1 = \mu - 3\sigma \end{cases}$$
$$\Rightarrow \begin{cases} \mu = (x_3 - x_1)/2 \\ \sigma = (x_3 - x_1)/6 \end{cases} \tag{5-4}$$

对 m 个样本点进行仿真计算,得到输出点 $(y_1,y_2,\cdots,y_m)$,采用最小二乘法进行回归分析:

$$s = \sum_{i=1}^{m} \varepsilon^2 = \sum_{i=1}^{m} \left[y_i - \left(c_0 + \sum_{i=1}^{n} c_i x_i + \sum_{i=1}^{n} \sum_{j=i}^{n} c_{ij} x_i x_j \right) \right]^2 \tag{5-5}$$

式中,ε 为误差变量。根据最小二乘原理,令误差项最小,有:

$$\begin{cases} \dfrac{\partial s}{\partial c_0} = 0 \\[2mm] \dfrac{\partial s}{\partial c_i} = 0 \quad i = 1,2,\cdots,n \\[2mm] \dfrac{\partial s}{\partial c_{ij}} = 0 \quad i = 1,2,\cdots,n; \quad j = i,\cdots,n \end{cases} \tag{5-6}$$

通过求解上述方程组,得到响应面函数式(5-1)中的各系数。之后便可以采用响应面函数替代系统响应进行可靠性分析。

上述基于响应面的可靠性分析方法是基于事先确定的试验设计点,通过最小二乘法进行回归分析得到响应面函数。然而,其响应面的拟合精度在很大程度上取决于试验设计的方案,也就是说,试验设计的选择是响应面分析方法的关键。因此,下节中在试验设计的选点方案上进行了改进,充分发挥马尔可夫链蒙特卡洛(Markov Chain Monte Carlo,MCMC)法的优点来提高响应面法的拟合精度,详见 5.3 节。

5.3 MCMC 抽样方法

MCMC 法是一种特殊的蒙特卡洛法,它将马尔可夫过程引入蒙特卡洛模拟中,常用于解决模拟分析、数值积分、非线性方程迭代求解等问题,近些年广泛应用在贝叶斯统计分析领域中,成为统计计算的标准工具。此方法是以平稳分布的马氏链上产生相互依赖的样本,换句话说,MCMC 法本质上是一个蒙特卡洛的综合程序,它的随机样本的产生与一条马氏链有关。其基本理论框架和更多的基本理论详见 W. K. Hastings 和 N. Metropolis 的相关文献[160-161]。

在计算失效概率时,通常关心落入失效域的抽样点,因此,可靠性算法中,主要是采用 MCMC 法来模拟出失效域的样本点,从这些样本点中筛选出离验算点最近的最佳点,将其加入试验设计来建立响应面函数,提高响应面状态函数在失效区域验算点附近的拟合精度,从而提高可靠度的计算精度。设服从在失效域内的条件概率密度函数为 $q(x \mid F)$,则产生失效域 F 内样本点 $x^{(i)}$($i=1$, $2,\cdots,N$)的具体步骤如下:

(1) 定义马尔可夫链的极限(平稳)分布。

马尔可夫链的极限分布为失效域 F 的条件概率密度分布为:

$$q(x \mid F) = I_F(x) f_x(x)/P(F) \tag{5-7}$$

式中:$f_x(x)$ 为随机变量 x 的联合概率密度函数;$I_F(x)$ 为失效域指示函数,见式(2-13)。

(2) 选择建议分布 $f^*(\varepsilon \mid x)$。

建议分布 $f^*(\varepsilon \mid x)$ 是控制马尔可夫链从一个状态向另一个状态的转移,选择具有对称性的均匀分布,即:

$$f^*(\varepsilon \mid x) = \begin{cases} 1/\prod_{k=1}^n l_k, & \mid \varepsilon_k - x_k \mid \leqslant \dfrac{l_k}{2} \quad (k=1,2,\cdots,n) \\ 0, & \text{其他} \end{cases} \tag{5-8}$$

其中,ε_k,x_k 分别为 n 维向量的第 k 个分量;l_k 是以 x 为中心的 n 维超多面体 x_k 方面的边长。按经验,一般取 $l_k = 6\sigma_k N_i^{-1/(n+4)}$。

(3) 确定马尔可夫初始链状态 $x^{(0)}$。

可依据工程经验或数值模拟方法确定失效域内的一点作为 $x^{(0)}$。

(4) 产生马尔可夫链的第 j 个状态 $x^{(j)}$。

根据建议分布和 Metropolis-Hastings 准则,由前一个状态 $x^{(j-1)}$ 来确定马尔可夫链的第 j 个状态 $x^{(j)}$,即:

$$x^{(j)} = \begin{cases} \varepsilon, & \min\{1,r\} > \text{random}[0,1] \\ x^{(j-1)}, & \min\{1,r\} \leqslant \text{random}[0,1] \end{cases} \tag{5-9}$$

式中:r 为备选状态 ε 的条件概率密度函数 $q(x \mid F)$ 与马尔可夫链前一状态的条件概率密度函数 $q(x^{(j-1)} \mid F)$ 的比值,即 $r = q(x \mid F)/q(x^{(j-1)} \mid F)$;$\text{random}[0,1]$ 为[0,1]区间均匀分布的随机数。

(5) 产生 N_M 个条件样本点。

重复步骤(4),当马尔可夫链状态的遍历均值达到稳定后,选取 N_M 个马尔可夫链的状态作为失效域的样本点。如图 5-1 所示为 2 个不同初始点的 4 000 步迭代的变量 θ 遍历均值图,可以看出,到 1 700 步时,迭代得到的马尔可夫链已经基本收敛,只要从收敛后的状态选取 N_M 个样本点即可满足上述要求。更多关于 MCMC 法在所提出的齿轮接触强度可靠性分析方法中的应用细节,详见 5.5.1 内容。

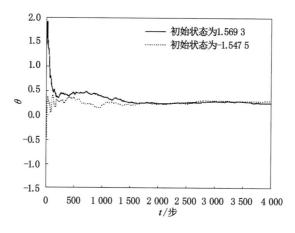

图 5-1　4 000 步迭代的变量 θ 遍历均值

5.4　考虑随机误差齿轮的参数化建模与动力学仿真分析

5.4.1　随机因素的考虑

许多研究显示,安装误差、制造误差、负载力矩和转速等随机因素对齿轮接触应力有着重要影响,而接触应力是引起齿轮点蚀失效的直接原因。因此,安装与制造误差、负载力矩和转速是齿轮接触强度可靠性分析的主要因素。其中,负载力矩和转速可以直接加入齿轮动力学仿真分析中进行可靠性分析,故考虑安装与制造误差的齿轮参数化建模与数值仿真是齿轮可靠性分析的难点之一,下面将详细介绍齿轮安装与制造误差的定义[170]。

(1) 安装误差的定义

一对平行轴齿轮的安装误差定义如图 5-2 所示。在图 5-2(a)中,A_0B_0 和 CD 分别为齿轮 1 和齿轮 2 在无任何误差条件下的轴线位置。A_0,B_0,C,D 分别是四个支撑轴承。当存在安装误差时,AB 就是 A_0B_0 对应的实际位置,如图 5-2(b)所示。为了便于说明和定义齿轮的安装误差,引入空间坐标系 A_0-XYZ。其中,A_0 是空间坐标原点;XA_0Y 平面是经过 A_0B_0 和 CD 的水平面,称为 S 平面;XA_0Z 平面是包含 A_0B_0 且垂直于 S 平面的垂直平面,称为 V 平面。

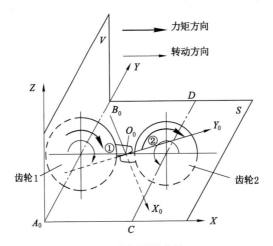

（a）无误差齿轮轴的位置

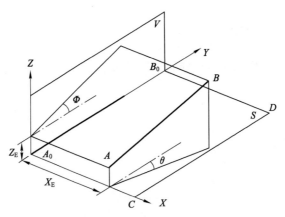

（b）带有安装误差的齿轮轴位置

图 5-2　安装误差的定义

　　在空间坐标系 A_0-XYZ 中，安装误差可以定义为在 S 平面中的偏移误差 X_E、转角误差 θ 和 V 平面中的偏移误差 Z_E、转角误差 Φ 的合成误差。当给出 X_E，Z_E，θ，Φ 时，AB 在空间坐标系 A_0-XYZ 中的位置也就确定了。

　　（2）制造误差的定义

　　齿轮制造误差在齿轮精度标准中已经给出了详细的定义和说明，但是，这些标准所设定的各项误差，主要是考虑了不同加工方法并为便于测量和控制质量等因素而规定的。

　　众所周知，基圆上的齿距偏差是齿轮啮入冲击的主要影响因素，将其等效定义为虚线齿廓①（即理想无误差齿廓）至实线齿廓②（实际齿廓）的位置偏移，如图 5-3 所示，即为在基圆上同侧齿面的法向实际距离与工程距离之差，当齿轮存在不同的齿距偏差时，体现在模型中的变化是齿轮齿廓位置的偏移。在三维建模软件 Pro/E 中建立齿轮轮齿特征时应用"阵列"方法，围绕齿轮中心轴线，齿与齿间的阵列角度为 360/Z，Z 表示齿数，阵列的轮齿将均匀分布于齿轮外缘。

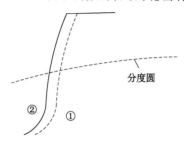

图 5-3　制造误差定义

　　综上所述，根据上述给定的安装与制造误差的定义，最终主要的随机变量为安装误差 X_E，Z_E，θ，Φ，齿距误差 E_s，小齿轮力矩 T，大齿轮转速 n。其中，齿轮的安装误差 X_E，Z_E，θ，Φ，这些随机特性主要来自箱体轴承座支撑轴的不平行度、两轴的中心距偏差、轴承径向游隙、安装人员的操作等多种因素共同的影响。通过查取机械设计手册和参考文献[162]，得到用于控制与测量误差指标的最大极限值 x_3 和最小极限值 x_1，根据 3σ 法则，由式（5-4）计算得到这些随机变量的均值和标准差数据。齿轮的齿距误差 E_s 主要由齿轮加工精度等级决定，其值大小是通过查取机械设计手册得到其均值的最大和最小极限值，同样根据 3σ 法则，由式（5-4）可计算得到均值和标准差数据。小齿轮力矩 T 和大齿轮转速 n 的随机特性，主要来源于外界（如发动机和负载零部件），T 和 n 的均值数据由发动机功率和设计转速决定，在试验数据缺乏时取变异系数为 0.1，从而得到标准差数据。上述各变量的均值和标准差见表 5-1。

表 5-1　各变量的均值和标准差

变量	分布类型	均值	标准差
水平安装误差 $X_E/\mu m$	正态分布	−10.0	3.30
垂直安装误差 $Z_E/\mu m$	正态分布	−10.0	3.30
水平面转角误差 $\theta/(°)$	正态分布	0	0.02
垂直面转角误差 $\Phi/(°)$	正态分布	0	0.02

表 5-1(续)

变量	分布类型	均值	标准差
齿距误差 $E_s/\mu m$	正态分布	0	8.00
小齿轮力距 $T/(N \cdot m)$	正态分布	161.4	16.14
大齿轮转速 $n/(r \cdot min^{-1})$	正态分布	650	65.00

5.4.2　齿轮参数化模型的建立

5.4.2.1　理想齿轮生成原理

标准渐开线直齿圆柱齿轮齿廓由渐开线齿廓和过渡曲线齿廓两部分组成，如图 5-4 所示。根据图 5-5 渐开线生成原理图，得到以下渐开线齿廓方程：

$$\begin{cases} \rho = R_b/\cos \alpha_i \\ \theta = \tan \alpha_i - \alpha_i \end{cases} \tag{5-10}$$

式中，R_b 为渐开线的基圆半径；α_i 为渐开线上各点的压力角。

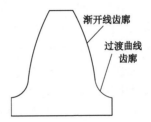

图 5-4　齿轮齿廓图

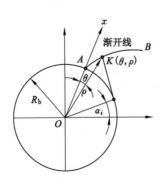

图 5-5　渐开线生成原理图

根据加工齿轮刀具形状的不同,常见的齿根过渡曲线有五种,其中有代表性的一种过渡曲线如图 5-6 所示。该过渡曲线由两段延伸渐开线等距曲线和齿轮的齿根圆圆弧构成。此种过渡曲线的刀具参数间具有下列关系:

$$\begin{cases} a = fm + cm - r_\rho \\ b = \dfrac{\pi m}{4} + fm\tan\alpha + r_\rho\cos\alpha \\ r_\rho = \dfrac{cm}{1 - \sin\alpha} \end{cases} \tag{5-11}$$

式中:a 刀具圆角圆心 C_ρ 距中线距离;b 刀顶圆角圆心 C_ρ 距刀具齿槽中心线距离;r_ρ 刀具圆角半径;f 为齿高系数;c 为径向间隙系数。不同加工刀具将产生不同的过渡曲线,图 5-7 是齿条型刀具加工齿轮过程示意图。p 是节点,nn 是刀具圆角与过渡曲线接触点公法线,α' 是 nn 与刀具加工节线夹角。以图示坐标系得出延伸渐开线等距曲线方程为:

$$\begin{cases} \eta = r\sin\varphi - \left(\dfrac{a_1}{\sin\alpha'} + r_\rho\right)\cos(\alpha' - \varphi) \\ \lambda = r\cos\varphi - \left(\dfrac{a_1}{\sin\alpha'} + r_\rho\right)\sin(\alpha' - \varphi) \end{cases} \tag{5-12}$$

式中:$\varphi = \dfrac{1}{r}(a_1\mathrm{ctan}\,\alpha' + b)$,$a_1 = a - xm$;$\alpha'$ 是变参数,压力角在 $\alpha \sim 90°$ 范围内变化,对应不同的 α' 角,将求得过渡曲线上不同点的坐标。

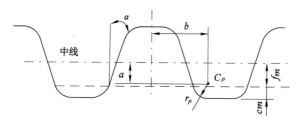

图 5-6　齿条刀具结构图

5.4.2.2　齿距齿轮生成原理

对于齿距误差,根据文献的等效定义[163],图 5-8 所示为齿距误差等效定义示意图,通过齿距误差值转化为阵列角度偏差,然后就可以将齿距误差 E_s 转化为阵列角度偏差,转化的公式为:

$$\theta_{E_s} = \dfrac{2E_s}{d_b} \times \dfrac{360}{2\pi} = \dfrac{360E_s}{d_b\pi} \tag{5-13}$$

式中,d_b 为齿轮基圆半径。

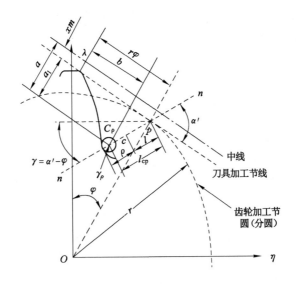

图 5-7　刀具加工齿轮过程示意图

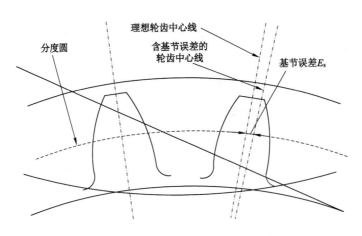

图 5-8　齿距误差等效定义示意图

在阵列齿轮时,实际阵列角度 θ_s 为:

$$\theta_s = \theta + \theta_{E_s} = \frac{360}{Z} + \frac{360E_s}{d_b\pi} \tag{5-14}$$

式中,θ 为齿轮 Pro/E 阵列时阵列角度,$\theta = \dfrac{360}{Z}$;Z 为齿轮的齿数。

5.4.2.3　齿轮参数化模型的建立

齿轮参数化模型的建立目前大多采用尺寸驱动的方式,通过设置齿数、模数以及压力角等参数给予用户齿轮参数化接口,用齿轮生成原理的表达式实现模型的驱动。采用三维建模软件 Pro/E 的二次开发功能,建立友好界面实现齿轮带有安装与制造误差的齿轮参数化,从而实现对其的任意改动,快速生成带有偏差的齿轮实体模型,为动力仿真分析与可靠性分析提供保障。

首先,根据理想齿轮生成原理的关系表达式(5-10)~式(5-12),生成理想无误差齿轮模型;然后,根据 5.4.1 内容中的等效定义和前面提出的齿距误差齿轮生成原理,设置带有误差齿轮的实际阵列角度[即式(5-14)]到理想齿轮模型的 Pro/E 关系中,生成带有齿距误差的齿轮模型;最后是装配,按照 5.4.1 内容所述安装误差的定义建立基准线,在装配齿轮过程中,令齿轮与误差基准线对齐即可实现安装误差的建立。

图 5-9 为生成带有误差齿轮 Pro/E 图,由于误差较小,不易肉眼观察,故将此模型的齿距误差放大为 0.1 mm 的效果图。

图 5-9　带有误差齿轮 Pro/E 图

从图 5-9 中可以看出,左端的一对轮齿即将进入啮合,且在理论啮合线外接触,符合齿轮啮入冲击的理论分析,验证了实体模型参数化方法的等效可行性,为动力学仿真时快速建立安装与制造误差的齿轮副模型奠定了基础。

5.4.3　动力学仿真

5.4.3.1　齿轮接触-碰撞动力学模型

齿轮动力学平衡方程为:

$$M\ddot{x}_t + C\dot{x}_t + Kx_t = Q_t \qquad (5\text{-}15)$$

式中，M 为总质量矩阵；C 为总阻尼矩阵；K 为总刚度矩阵；$\ddot{x}_t$，$\dot{x}_t$，x_t 分别为系统节点的加速度向量、速度向量和位移向量。

关于解法，本书采用 LS-DYNA 软件的显式中心差分法，其具体算法为：假定 0，t^1，t^2，$\cdots$，t^n 时刻的节点位移、速度与加速度均为已知，现求解 $t_{n+1}(t+\Delta t)$ 时刻的结构响应。中心差分法对加速度、速度的导数采用中心差分代替，即：

$$
\begin{cases}
\ddot{x}_t = \dfrac{1}{\Delta t^2}\{x_{t-\Delta t} - 2x_t + x_{t+\Delta t}\} \\
\dot{x}_t = \dfrac{1}{2\Delta t}\{-x_{t-\Delta t} + x_{t+\Delta t}\}
\end{cases}
\tag{5-16}
$$

将式(5-16)代入动力学基本方程式(5-15)，整理后得：

$$
\hat{M}x_{t+\Delta t} = \hat{R}_t
\tag{5-17}
$$

式中，$\hat{M} = \dfrac{1}{\Delta t}M + \dfrac{1}{\Delta t^2}C$ 为有效质量矩阵，$\hat{R} = Q_t - \left(K - \dfrac{2}{\Delta t^2}M\right)x_t - \left(\dfrac{1}{\Delta t^2}M - \dfrac{1}{2\Delta t}C\right)x_{t-\Delta t}$ 为有效载荷向量。

求解式(5-17)线性方程组即可求得各时刻的节点位移向量，将其代入差分公式可求得对应的速度、加速度向量。

关于两物体 A 和 B 的接触问题，构型分别为 V_A 和 V_B，边界面分别为 Ω_A 和 Ω_B。A 为主体(master)，其接触面为主动面，物体 B 为从体(slave)，其接触面为从动面。A 与 B 接触时的非嵌入条件可以表示为：

$$
V_A \bigcap V_B = 0
\tag{5-18}
$$

物体 A 与物体 B 不能互相重叠，在每一时步，对比 Ω_C 面上物体 A 与 B 对比节点的坐标，或对比速率来实现位移协调条件：

$$
U_n^A - U_n^B = (u^A - u^B)n^A \leqslant 0 \mid_{\Omega_C}
$$
$$
\text{或}
$$
$$
V_n^A - V_n^B = (v^A - v^B)n^A \leqslant 0 \mid_{\Omega_C}
\tag{5-19}
$$

式中，下标 n 表示接触法线方向。

接触面力应满足：

$$
\begin{cases}
t_n^A + t_n^B = 0 \\
t_t^A + t_t^B = 0
\end{cases}
\tag{5-20}
$$

式中：t_n^A，t_n^B 分别为物体 A 与 B 的法向接触力；t_t^A，t_t^B 分别为物体 A 与 B 的切向接触力(摩擦力)，下标 t 表示接触面切线方向。

LS-DYNA 显式动力学接触-碰撞算法采用对称罚函数法，对于从节点 n_s，搜索与它最近主节点 m_s，如图 5-10 所示。检查与其主节点上有关的所有主片，

确定从节点 n_s 穿透主表面时可能接触的主片,如图 5-11 所示。若主节点 m_s 与从节点 n_s 不相重,且满足式(5-21)时,从节点 n_s 与主片 S_i 发生接触。

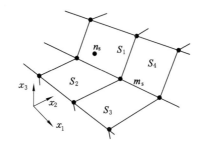

图 5-10　从节点与最近主节点的位置关系

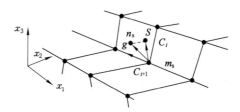

图 5-11　从节点与主片的接触

$$\begin{cases} (\boldsymbol{C}_i \times \boldsymbol{S}) \cdot (\boldsymbol{C}_i \times \boldsymbol{C}_{i+1}) > 0 \\ (\boldsymbol{C}_i \times \boldsymbol{S}) \cdot (\boldsymbol{S} \times \boldsymbol{C}_{i+1}) > 0 \end{cases} \tag{5-21}$$

式中:$\boldsymbol{C}_i$ 和 $\boldsymbol{C}_{i+1}$ 是主片 $\boldsymbol{S}_i$ 在 m_s 点的两条边矢量;矢量 $\boldsymbol{S}$ 是矢量 $\boldsymbol{g}$ 在主表面上的投影,$\boldsymbol{g}$ 是从 m_s 到 n_s 的矢量,

$$\boldsymbol{S} = \boldsymbol{g} - (\boldsymbol{g} \cdot \boldsymbol{m})\boldsymbol{m} \tag{5-22}$$

式中,$\boldsymbol{m} = \dfrac{\boldsymbol{C}_i + \boldsymbol{C}_{i+1}}{|\boldsymbol{C}_i + \boldsymbol{C}_{i+1}|}$,对于主片 $\boldsymbol{S}_i$,矢量 $\boldsymbol{m}$ 是主片 $\boldsymbol{S}_i$ 的外法线单位矢量。若 n_s 位于两个主片的交线 $\boldsymbol{C}_i$ 上,则 $\boldsymbol{S}$ 取极大值,

$$\boldsymbol{S} = \max(\boldsymbol{g} \cdot \boldsymbol{C}_i / |\boldsymbol{C}_i|), i = 1, 2, \cdots \tag{5-23}$$

从而确定了从节点 n_s 在主片 S_i 上可能的接触点 C 的位置。其中 r 是主片 S_i 上任一点的位置矢量。接触点位置满足如下方程:

$$\left.\begin{array}{l} \dfrac{\partial r}{\partial \zeta}(\zeta_c, \eta_c) \cdot [t - r(\zeta_c, \eta_c)] = 0 \\[2mm] \dfrac{\partial r}{\partial \eta}(\zeta_c, \eta_c) \cdot [t - r(\zeta_c, \eta_c)] = 0 \end{array}\right\} \tag{5-24}$$

求解 C 坐标 (ξ_c, η_c),之后检查从节点 n_s 是否穿透主片。

若 $l = n_i \cdot [t - r(\zeta_c, \eta_c)] < 0$，表示 n_s 穿透主片 S_i，n_i 是在接触点处 S_i 外向法线单位矢量，若 $l \geqslant 0$，即 n_s 没有穿透主表面。如果 n_s 穿透主片 S_i，则在 n_s 和接触点之间附加一个接触矢量，可计算主片 S_i 各节点接触力。

5.4.3.2 齿轮动态有限元模拟仿真

大变形非线性 LS-DYNA 显式动力学软件，作为著名的以显式为主、隐式为辅的通用非线性动力分析有限元程序，能够模拟真实世界的各种复杂问题，特别适合求解各种二维、三维非线性结构的高速碰撞、爆炸和金属成型等动力冲击问题，能逼真模拟齿轮运动状态。

按照 5.4.2 内容所述的方法建立含有安装与制造误差的齿轮副实体参数化模型，采用大变形非线性 LS-DYNA 显式动力学软件进行仿真，模拟带有误差齿轮在啮合过程中的动态接触应力，动态展示齿轮对啮合过程的运行状态，模拟齿轮在啮合过程中任意时刻齿轮任何位置的应力特性，其齿轮的主要参数见表 5-2。

表 5-2 齿轮的主要参数

基本参数	主动齿轮	从动齿轮
模数	4	4
齿数	18	59
压力角/(°)	20	20
齿宽/mm	44	40
齿顶高系数	1	1
顶隙系数	0.25	0.25
变位系数	0	0

对于有限元算法本身的特性，其计算只是近似解，其计算的精度取决于网格质量。为了提高精度且减少计算时间，需要对重要部位加密（如齿面、齿根过渡圆角部位），不重要部位（如齿轮轮毂、非啮合接触齿轮）的网格密度可以适当稀疏，经过反复试验和对比，最终的齿轮网格划分后的有限单元模型如图 5-12 所示。经过定义接触、加载、修改 K 文件，就可进行动力学仿真模拟分析，获得带有误差齿轮动态啮合过程中各个时刻的应力状态，图 5-13 为大齿轮各参数取均值时 Von Mises 应力云图。在主动轮的即将啮合两轮齿面部位提取所有节点应力最大齿面接触应力-时间曲线，如图 5-14 所示，即可得到齿面上最危险的应力（最大齿面接触应力），从而为齿面接触强度失效极限状态函数的建立提供数据，详见 5.5.1 内容。

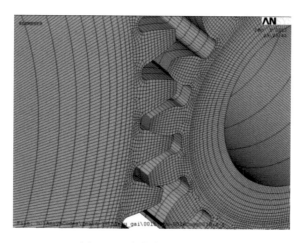

图 5-12　齿轮有限单元模型

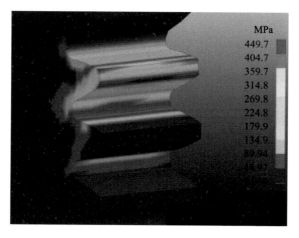

图 5-13　Von Mises 应力云图

5.4.3.3　安装与制造误差对齿轮啮合冲击的影响与分析

为了分析安装与制造误差对齿面接触应力的影响,仿真对比了如下几种情况:

(1) 分别对齿轮齿距误差分别为 0.008 mm、0.016 mm、0.025 mm 时进行动态仿真,并提取齿面最大接触应力-时间曲线,如图 5-15 所示。

图 5-16(a)所示为不同齿距误差下齿面最大接触应力的对比图,可以看出,齿距误差对齿面接触冲击应力影响很大,且齿距误差愈大,则齿面接触应力值愈大。

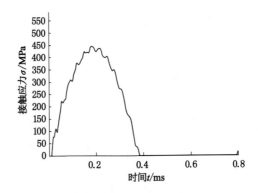

图 5-14　理想无误差齿面最大齿面接触应力-时间曲线

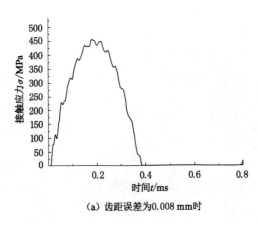

（a）齿距误差为0.008 mm时

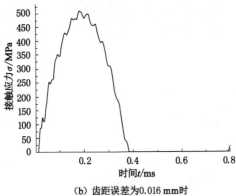

（b）齿距误差为0.016 mm时

图 5-15　齿面最大接触应力-时间曲线

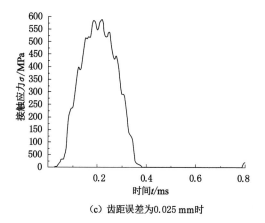

（c）齿距误差为0.025 mm时

图 5-15（续）

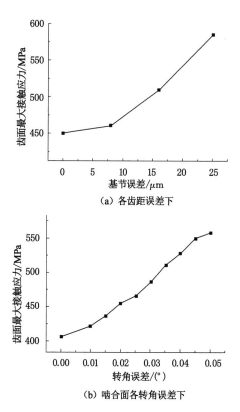

（a）各齿距误差下

（b）啮合面各转角误差下

图 5-16　齿面最大接触应力对比

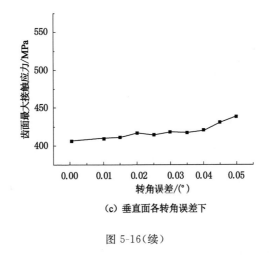

(c) 垂直面各转角误差下

图 5-16(续)

（2）分别对主动轮啮合面（即过齿轮的啮合线且平行于齿轮轴线的平面）上转角误差分别为 0.01°、0.015°、0.02°、0.025°、0.03°、0.035°、0.04°、0.045°、0.05°时进行动态仿真，其最大接触应力均发生在第一对齿面接触点上，提取最大接触应力主节点后，对比结果如图 5-16(b)所示。

（3）分别对主动轮垂直面（即与啮合面垂直的面）上转角误差分别为 0.01°、0.015°、0.02°、0.025°、0.03°、0.035°、0.04°、0.045°、0.05°时进行动态仿真，最大接触应力均发生在第一对齿面接触点上，提取最大接触应力，对比结果如图 5-16(c)所示。

由图 5-16 可以看出，齿距误差和啮合面转角误差对齿面接触冲击应力影响很大，且齿距误差愈大，则齿面接触应力值愈大，而垂直面内转角误差对齿面接触应力影响很小。

（4）当对啮合面转角误差为 0.05°、垂直面转角误差为 0.05°、齿距误差为 0.025 mm 的合成情况进行动态仿真时，提取出的接触应力值最大对应主节点的接触应力-时间曲线如图 5-17 所示，最大等效应力值为 697 MPa。可知，在齿轮的安装误差与制造误差同时存在时，对齿轮接触应力影响最为严重，其中，安装误差会造成齿向载荷沿齿宽方向分布不均匀，偏载较为严重，加之齿距偏差的影响，引起齿轮啮入的冲击。

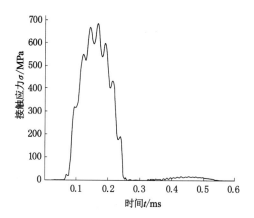

图 5-17　齿面最大接触应力值

5.5　齿轮接触强度可靠性分析

5.5.1　齿面接触强度功能函数的计算流程

根据 5.2 节响应面法的定义,假设齿面最大接触应力响应函数为:

$$\sigma(x) = c_0 + \sum_{i=1}^{N_R} c_i x_i + \sum_{i=1}^{N_R} \sum_{j=i}^{N_R} c_{ij} x_i x_j \tag{5-25}$$

由应力-强度模型可知,齿面接触应力大于接触强度,则齿面发生点蚀,处于失效状态,故齿面接触强度问题的功能函数可表示为:

$$g(x) = \sigma_{HS} - \sigma(x)$$

$$g(x) = \sigma_{HS} - \left(c_0 + \sum_{i=1}^{N_R} c_i x_i + \sum_{i=1}^{N_R} \sum_{j=i}^{N_R} c_{ij} x_i x_j \right) \tag{5-26}$$

式中:σ_{HS} 为无限寿命下的齿面接触强度极限,根据文献[11],其均值取为 935.56 MPa,变异系数取 0.1;当 $g(x) \leqslant 0$ 时,处于失效状态,当 $g(x) > 0$ 时,则处于安全状态。

为提高齿面接触强度功能函数的拟合精度并进行可靠性分析,在响应面法的基础之上,结合 MCMC 法模拟,提出一种建立响应面功能函数的混合算法,计算流程如图 5-18 所示。

具体步骤如下:

步骤 1　根据 5.4.1 内容中对齿轮随机因素的分析,主要考虑对齿面点蚀失效起主要作用的随机变量,即 $x_1 = X_E, x_2 = Z_E, x_3 = \theta, x_4 = \Phi, x_5 = E_s, x_6 = T, x_7 =$

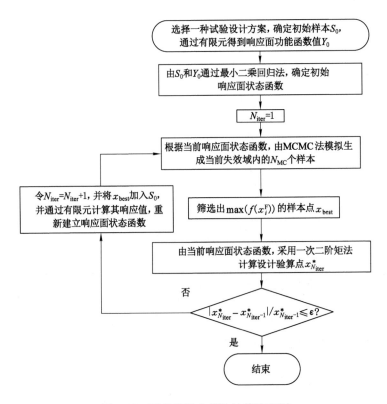

图 5-18　可靠度混合算法计算流程图

n,在变量空间中,选择一种初始试验设计方案,确定样本点 $\boldsymbol{S}_0 = [x^{(1)}, x^{(2)}, \cdots, x^{(N_{\mathrm{S}})}]^{\mathrm{T}}$,根据 5.4.2 内容中误差齿轮的建模方式建立实体模型,导入到动力学仿真软件中并计算齿轮在啮合过程中齿面最大的接触应力响应,得到齿轮的响应面功能函数值 $\boldsymbol{Y}_0 = [y_1, y_2, \cdots, y_{N_{\mathrm{S}}}]^{\mathrm{T}}$。初始样本点应选择较少的数量,在后续迭代过程中自适应地选择样本点,将其加入初始试验设计。选择一种高效且较少的初始试验设计 Box-Behnken 取样。该方法对每个随机变量取三个水平点,然后按照一定的规则组合出中心点和边中点作为样本点。图 5-19 表示三变量的中心复合设计样本点。

　　步骤 2　由 $\boldsymbol{S}_0$ 和 $\boldsymbol{Y}_0$,通过第 5.2 节的最小二乘回归分析法,确定初始齿面最大接触应力响应函数,将齿面最大接触应力大于接触强度作为失效准则,建立齿面接触强度的功能函数,并且令迭代次数 N_{iter} 为 1,即 $N_{\mathrm{iter}} = 1$。

　　步骤 3　根据第 5.3 节 MCMC 法模拟当前功能函数失效域内的 N_{MC} 个样本点,N_{MC} 取 1 000,设为失效域内的样本点为 $x_{\mathrm{F}}^{(i)}$ ($i=1,2,\cdots,N_{\mathrm{MC}}$)。

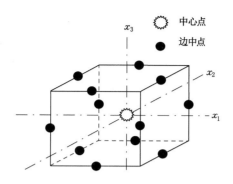

图 5-19 三变量的中心复合设计样本点

步骤 4 从这些失效域内的 N_{MC} 个样本点中筛选出 $\max(f(x_F^{(i)}))$,$(i=1,$ $2,\cdots,N_{MC})$ 对应的样本点,设该样本点为 x_{best}。

步骤 5 根据当前的响应面状态函数,采用 2.5 节所述的一次二阶矩法计算设计验算点 $x_{N_{iter}}^*$。

步骤 6 计算 $x_{N_{iter}}^*$ 与 $x_{N_{iter}-1}^*$ 之间的相对误差是否满足规定的精度误差 ε 要求,如果 $x_{N_{iter}}^*$ 与 $x_{N_{iter}-1}^*$ 的相对精度误差 $|x_{N_{iter}}^*-x_{N_{iter}-1}^*|/x_{N_{iter}-1}^*$ 小于阈值 ε,则停止迭代,说明此时齿面接触强度响应面功能函数已达到足够精度;如不满足,令 $N_{iter}=N_{iter}+1$,将 x_{best} 加入 S_0 中来更新试验设计,重新建立响应面功能函数,重复步骤 3 至步骤 6,直至达到精度要求为止。

5.5.2 齿面接触强度可靠度的计算

通过 5.5.1 内容所述的步骤,经过 52 次循环续迭代后达到收敛条件,得到满足足够精度的齿面接触强度的功能函数,设计验算点 x^* 为[−8.456 9,−11. 252,−0.000 622 34,−0.004 234 5,2.134 3,120.7,634.43],可靠度指标 β 为 2. 811 0,其相对误差小于 0.000 1,可靠度为 $\Phi(\beta)=0.997$ 53。表 5-3 为 100 000 次 Monte Carlo 模拟法、直接 FORM 法、响应面+FORM 法以及所提出的算法的计算结果,其中,100 000 次 Monte Carlo 模拟法作为"精确解"与其他方法比较;FORM 法为采用具有 $o(\Delta t^4)$ 精度级的中心差分算法作为梯度值,来进行迭代寻找设计验算点,每循环一次调用 5 次有限元仿真;响应面法+FORM 法为先通过 Box-Behnken 取样求得响应面函数,然后基于该显式函数进行 FORM 法计算。注:表 5-3 中相对误差计算式为 $|P_f-P_f^{MC}|/P_f^{MC}$,P_f^{MC} 表示 Monte Carlo 法计算得到的失效概率。

表 5-3 不同方法的计算结果

方法类型	调用有限元仿真次数	可靠度	相对误差/%
Monte Carlo 模拟法	100 000	0.994 10	—
直接 FORM 法	200(5×40)未收敛	0.938 60	5.583
响应面法＋FORM 法	100	0.968 29	2.596
响应面法＋MCMC 法(所提出的算法)	152(100+52)	0.997 53	0.345

通过表 5-3 计算结果可以发现,直接采用 FORM 法的计算结果最差,主要是因为该算例的齿面接触应力响应问题为隐式功能函数,对于 FORM 法采用梯度来迭代寻找设计验算点的方式很难收敛,故而计算结果精度较差。响应面法＋FORM 法的计算结果 FORM 法好些,可以看出计算精度有所提高,该方法解决了隐式函数的问题。所提出的算法在响应面法的基础之上,引入了 MCMC 法抽样选点,使得响应面在设计验算点附近更加精确,其计算精度明显高于在未采用 MCMC 法前的响应面法＋FORM 的法计算结果,从而说明了所提出算法的高效性和精确性。

5.6 本章小结

(1) 提出了一种带有安装与制造误差的齿轮参数化方法,该方法不受误差参数变化的限制,能够实现不同误差齿轮模型的建立,从而为后续的齿面接触强度可靠性分析提供了强大的建模基础。

(2) 充分发挥了 MCMC 法能够快速模拟出失效域样本点的优势,针对齿轮接触强度失效,提出一种可靠性和可靠性灵敏度分析方法。通过算例各类方法对比可得,由于引入了 MCMC 法抽样选点,使得响应面在设计验算点附近更加精确,其计算精度明显高于未采用 MCMC 法前的响应面法＋FORM 法的计算结果,验证了所提出算法的高效性,从而提高了可靠度和可靠性灵敏度的计算精度。

(3) 通过 100 000 次 Monte Carlo 模拟法的结果对比得,所提出的算法与 Monte Carlo 模拟法较为相近,验证了算法的正确性。

(4) 以定量的概率反映各类随机误差对齿轮接触强度可靠性的影响程度,为齿轮传动可靠性设计提供了理论依据,具有较高的工程应用价值。

第6章 基于 Kriging 模型法和子集模拟法的齿轮振动可靠性分析

6.1 概述

齿轮啮合过程中,由于其时变啮合刚度、齿轮误差、轮齿受载变形、啮合冲击等内部激励,使得齿轮转速发生变化,即使是在负载和动力矩恒定的情况下,也会产生齿轮啮合传递误差,由于实际传递误差的波动过大,会引起轮齿之间强烈的振动与噪声。在设计参数不同的情况下,传递误差的波动范围会有所不同,故可将齿轮啮合传递误差响应的幅值波动范围过大视为齿轮扭转振动的一种失效形式。即齿轮副传动过程中不发生这种失效的概率,可以被定义为齿轮副啮合传递误差的振动可靠度。

对于这种齿轮振动可靠性问题,其系统振动响应往往很难显式表达,且其高度非线性,可根据问题复杂度的需要,建立不同类型的振动分析模型,一般需要通过数值算法来得到齿轮振动响应。显然对于这类可靠性问题,经典的可靠性分析方法如一次可靠度(First Order Reliability Method,FORM)、二次可靠度(Second Order Reliability Method,SORM)等都不再适用,会出现计算精度低或不收敛等问题。Monte Carlo 法是被广泛认可的方法,但是由于它需要大量的样本数量,如果采用此方法来对齿轮振动隐式响应函数进行可靠性分析,由于其单次计算效率低,大样本的计算很难在短时间内完成。许多结构可靠性研究者提出各类方差缩减技术,例如重要抽样[164-166]、子集模拟[167-169]等方法,虽然能够减少一定的样本数量,但是仍然不能满足工程上的需求。

为了减小计算量和解决隐式函数的问题,如第5章所述,近年来常会采用多项式响应面代理模型来替代隐式功能函数,采用拟合出的函数与抽样方法(如 Monte Carlo 法,重要抽样法,方向抽样法等)相结合的方法进行可靠性分析,由于这种方法具有容易理解、编制程序简单、计算速度快等优点,在可靠性分析中被广泛采用。这种代理模型不仅限于多项式响应面,还有神经网络、样条曲线、Kriging 等代理模型方法,都是近几年的研究热点。但归结起来,这种采用代理模型与抽样方法相结合的可靠性分析方法,仍存在以下几点不足:第一,拟合极限状态方程前需要事先布置样本点,而样本点的布置取决于试验设计方案的选择,往往由于对于设计变量空间不重要区域的过多抽样,而导致不必要的浪费(即过多的选择初始样本点);第二,拟合功能函数是用于替代实际功能函数进行抽样及可靠性分析,目前的大多数方法仅能保证拟合的功能函数尽可能精确,而无法量化保证可靠性分析的准确性。

为了能够充分使用尽可能少的样本信息,最大化可靠度计算精度,充分发挥 Kriging 预测模型的随机特性,提出了一种主动学习可靠度计算方法。所提出的方法与以往方法不同之处是:第一,能够自适应地选点来拟合功能函数;第二,能够适用于小失效概率的可靠性分析问题,且对随机变量的维度具有较高的鲁棒性;第三,能够充分发挥有限的样本信息,相比于其他代理模型,只需要较少的试验设计点,就能得到更为精确的 Kriging 预测模型。

本章以一对齿轮间隙非线性弯扭振动系统为研究对象,针对齿轮间隙非线性振动系统的上述特点,提出了一种适用于计算量大、小失效和多维等问题的 AK-SSIS 可靠度算法,将其应用到齿轮的振动可靠性问题中,计算该齿轮系统的振动可靠度,并进行可靠性灵敏度分析,研究系统振动可靠性对不同随机参数的敏感程度,对齿轮系统的振动可靠性设计与优化具有重要意义。

6.2 Kriging 模型

Kriging 模型最初是在 20 世纪五六十年代应用于地质统计学。Kriging 模型具有精确插值和随机特征属性,近年来 Kriging 模型作为一种新型的响应面模型技术在航空、航天等工程优化领域中得到广泛应用。

根据文献[170],Kriging 预测模型采用 Gaussian 随机过程模型,即假设系统的真实响应值与自变量之间的关系表示为:

$$g(x) = \sum_{i=1}^{p} \beta_i f_i(x) + z(x) = \boldsymbol{f}(\boldsymbol{x})^{\mathrm{T}} \boldsymbol{\beta} + z(x) \tag{6-1}$$

式中,$\boldsymbol{f}(\boldsymbol{x}) = [f_1(x) f_2(x) \cdots f_p(x)]^{\mathrm{T}}$ 为回归多项式基函数向量,$\boldsymbol{\beta} = [\beta_1 \beta_2 \cdots \beta_p]^{\mathrm{T}}$ 为多项式参数向量,$z(x)$ 为 Gaussian 随机过程函数,其均值为零,方差为 σ^2,协方差表示为:

$$E(z(w)z(x)) = \sigma^2 R(\theta, w, x) \tag{6-2}$$

式中,$w = [w_1 w_2 \cdots w_n]^{\mathrm{T}}$ 和 $x = [x_1 x_2 \cdots x_n]^{\mathrm{T}}$ 分别为两不同的随机变量,$R(\theta, w, x)$ 为带有参数 $\theta = [\theta_1 \theta_2 \cdots \theta_n]^{\mathrm{T}}$ 的 Gaussian 相关函数,而 $R(\theta, w, x)$ 可以表示为:

$$R(\theta,w,x) = \prod_{k}^{n} R_k(\theta_k,w_k,x_k) = \exp\left(-\sum_{k=1}^{n}\theta_k \mid w_k - x_k \mid^2\right) \quad (6\text{-}3)$$

考虑 Kriging 线性预测,在未知点 x 的预测值可以表示为:

$$\hat{g}(x) = \boldsymbol{c}^{\mathrm{T}}Y \quad (6\text{-}4)$$

式中,$\boldsymbol{c}=c(x)=[c_1(x)c_2(x)\cdots c_m(x)]^{\mathrm{T}}$ 为待求权系数向量,$Y=[y_1\,y_2\cdots y_m]^{\mathrm{T}}$ 为试验设计点 $S=[s_1\,s_2\cdots s_m]^{\mathrm{T}}$ 处的响应值。

Kriging 预测模型中采用 Gaussian 随机过程,为了保证预测值无偏和预测均方误差最小,在某一未知点 x 处的 Kriging 预测值均值和方差可以表示为公式(6-5)和公式(6-6),推导过程不再叙述,详细可参见文献[106]。

$$\mu_g(x) = \hat{g}(x) = f(x)^{\mathrm{T}}\boldsymbol{\beta}^* + r(x)^{\mathrm{T}}\boldsymbol{R}^{-1}(Y - F\boldsymbol{\beta}^*) \quad (6\text{-}5)$$

$$\sigma_g^2(x) = \sigma^2[1 + u(x)^{\mathrm{T}}(F^{\mathrm{T}}\boldsymbol{R}^{-1}F)^{-1}u(x) - r(x)^{\mathrm{T}}\boldsymbol{R}^{-1}r(x)] \quad (6\text{-}6)$$

式中,$\boldsymbol{\beta}^*$ 为最小二乘法得到的多项式参数向量;$\boldsymbol{R}$ 为相关矩阵且有 $\boldsymbol{R}=[R_{ij}]_{m\times m}$,$R_{ij}=R(\theta,s_i,s_j)$;$r(x)=[R(\theta,s_1,x)R(\theta,s_2,x)\cdots R(\theta,s_m,x)]^{\mathrm{T}}$;$\sigma^2 = \dfrac{1}{m}(Y-F\beta^*)^{\mathrm{T}}(Y-F\beta^*)$;$u(x)=F^{\mathrm{T}}R^{-1}r-f$。

参数 θ^* 按极大似然估计法来确定,由文献[102]的推导,公式如下:

$$\min_{\theta}\{\psi(\theta) \equiv \mid \boldsymbol{R} \mid^{\frac{1}{m}}\sigma^2\} \quad (6\text{-}7)$$

其中,$\boldsymbol{R}=(R_{ij})_{m\times m}$ 为随机过程的相关矩阵,$R_{ij}=R(\theta,s_i,s_j)$,$i,j=1,\cdots,m$;$\mid R \mid$ 为 $\boldsymbol{R}$ 的行列式,当确定了 θ^* 后,Kriging 预测模型也就基本建立完毕。

6.3　子集模拟重要抽样法

由 2.6 节叙述知,子集模拟法是一种针对高维小失效概率问题的特殊 Monte Carlo 法,之所以选择子集模拟法,是因为当失效率为小失效概率(如小于 10^{-4} 时),子集模拟相比于 Monte Carlo 法计算效率更高,而且该方法相比于重要抽样对随机变量的维数更加鲁棒。子集模拟的基本原理在此不再叙述,详见 2.6 节。子模拟法采用 Monte Carlo 法来模拟这些条件样本的计算效率太低,因此,文献[181-182]采用 Markov 来模拟条件样本,这种方法是通过选取建议分布,生成可遍历的马尔可夫链,从而产生所需要的极限分布状态下的样本,然而研究发现,此方法所产生的条件样本具有相关性,在一定程度上影响方法的效率和精度。

子集模拟重要抽样(Subset Simulation Importance Sampling,SSIS),是在 MCMC 法思想基础上,考虑到 MCMC 模拟产生的条件样本具有一定的相关性,提高方法的效率和鲁棒性。其基本步骤是从基本变量的联合密度函数开始,逐级构造子集上的优化重要抽样密度函数,最终得到所求极限状态方程的优化重要抽样密度函数,进而得到失效概率的估计值。

在子集模拟重要抽样可靠性分析方法中,通过将重要抽样密度函数引入失效概率,即:

$$P_k = \int \cdots \int_{F_k} q(x \mid F_{k-1}) \mathrm{d}x = \int \cdots \int_{\Omega} \frac{I_{F_k}(x) q(x \mid F_{k-1})}{h_k(x)} h_k(x) \mathrm{d}x \quad (6\text{-}8)$$

其中,Ω 为变量域,$h_k(x)$ 为对应于第 $(k-1)$ 个中间失效极限状态方程 $g(x) = b_{k-1}$ 的重要抽样密度函数。

与 Markov 子集模拟法类似,子集模拟重要抽样法中失效域的分层也是通过自动分层的方法来实现的,自动分层的具体过程和条件失效概率的重要抽样估计过程的具体实施步骤如下:

(1) 用直接 Monte Carlo 模拟法产生 N_1 个服从联合概率密度函数 $f_x(x)$ 的独立同分布的样本 $\{x_j^{(1)} : j = 1, 2, \cdots, N_1\}$。

(2) 通过功能函数 $g(x)$ 得到这 N_1 个样本对应的响应值 $\{g(x_j^{(k)}) : j = 1, 2, \cdots, N_1\}$,把这 N_1 个响应值从大到小的排序,记为 $g(x_{[1]}^{(1)}) > g(x_{[2]}^{(1)}) > \cdots > g(x_{[N_1]}^{(1)})$,令 $M_1 = N_1$,取第 $(1-p_0) M_1$ 个响应值作为中间失效事件 $F_1 = \{x : g(x) \leqslant b_1\}$ 的临界值 $b_1 = g(x_{[(1-p_0) M_1]}^{(1)})$,同时可知 $\hat{P} = \hat{P}\{F_1\} = p_0$。

(3) 从落在 $F_{k-1}(k = 2, 3, \cdots, m)$ 域内的 $p_0 M_{k-1}$ 个样本中选取概率密度值最大的点作为重要抽样密度函数 $h_k(x)$ 的抽样中心,并产生 N_k 个服从概率密度函数 $h_k(x)$ 的样本,其中落入失效域 $F_{k-1}(i = 2, 3, \cdots, m)$ 内的 M_k 个样本点服从分布条件密度 $h_k(x \mid F_{k-1})$,记为 $\{x_j^{(k)} : j = 1, 2, \cdots, M_k\}$。

(4) 通过功能函数 $g(x)$ 得到这 M_k 个条件样本点对应的响应值 $\{g(x_j^{(k)}) : j = 1, 2, \cdots, M_k\}$,并对响应值进行从大到小排序,记为 $g(x_{[1]}^{(k)}) > g(x_{[2]}^{(k)}) > \cdots > g(x_{[N_1]}^{(k)})$,取 $(1-p_0) M_k$ 个值作为中间失效事件 $F_k = \{x : g(x) < b_k\}$ 的临界值 $b_k = g(x_{[(1-p_0) M_k]}^{(k)})$,求得条件失效概率 $P\{F_i \mid F_{i-1}\}$ 的估计值 $\hat{P}_k$ 为:

$$\hat{P}_k = \hat{P}(F_k \mid F_{k-1}) = \frac{1}{N_k} \sum_{j=1}^{N_k} \frac{I_{F_k}(x_j^{(k)}) q(x_j^{(k)} \mid F_{k-1})}{h_k(x_j^{(k)})} \quad (6\text{-}9)$$

且 $\hat{P}(F_{k-1}) = \prod_{j=1}^{k-1} \hat{P}_j$。

(5) 重复步骤(3)和步骤(4)过程,直到满足第 $(1-p_0) M_m$ 个响应值 $g(x_{[(1-p_0) M_k]}^{(k)})$ 的值小于 0,则令 $b_m = 0$,$F_m = F$,自动分层结束。

(6) 分层结束后可得到结构的失效概率估计值为:

$$\hat{P}_{\mathrm{f}} = \prod_{k=1}^{m} \hat{P}_k \tag{6-10}$$

失效概率估计值 $\hat{P}$ 的方差为：

$$Var(\hat{P}_{\mathrm{f}}) = \prod_{k=1}^{m} \left[\hat{P}_k^2 + Var(\hat{P}_k)\right] - \hat{P}_{\mathrm{f}}^2 \tag{6-11}$$

其中，

$$Var(\hat{P}_1) = \frac{(\hat{P}_1 - \hat{P}_1^2)}{N_1 - 1} = \frac{(p_0 - p_0^2)}{N_1 - 1} \tag{6-12}$$

$$Var(\hat{P}_k) = Var\left[\frac{1}{N_k} \sum_{i=1}^{N_k} \frac{I_{F_k}(x_k^i) q(x_k^i \mid F_{k-1})}{h_k(x_k^i)}\right]$$

$$= \frac{1}{N_k - 1} \left\{ \frac{1}{N_k} \sum_{i=1}^{N_k} \left[\frac{I_{F_k}(x_k^i) q(x_k^i \mid F_{k-1})}{h_k(x_k^i)}\right]^2 - \hat{P}_k^2 \right\} (k = 2, 3, \cdots, m) \tag{6-13}$$

失效概率估计值 $\hat{P}$ 的变异系数为：

$$\delta_{P_{\mathrm{f}}} = \frac{\sqrt{Var(\hat{P}_{\mathrm{f}})}}{\hat{P}_{\mathrm{f}}} \tag{6-14}$$

6.4 一种新的算法：AK-SSIS

6.4.1 学习选点函数

由各随机模拟法可知，对于 Monte Carlo 法，其失效概率的计算仅仅取决于这些样本点的符号，这些样本点的符号是随机模拟法最重要的信息。在 $\hat{g}(x) = 0$ 极限状态分界面附近的样本点预测符号最容易错误，其中，样本点预测符号错误指的是某一样本点实际状态函数值为负，而采用 Kriging 预测值为正（或者实际值为正，而预测值为负）。如果将预测符号最容易错误的样本点加入试验设计中来拟合预测模型，会对预测模型起到非常好的改善效果。实际上，这些样本点的预测值越靠近极限状态或者具有较大的预测方差，则越有可能导致某一样本点的符号由正变为负（或者由负变为正）。为了找到用于拟合预测极限状态函数最佳点的位置，定义学习函数 $U(x)$ 为：

$$U(x) = \left|\frac{\mu_{\mathrm{g}}(x)}{\sigma_{\mathrm{g}}(x)}\right| \tag{6-15}$$

式中，$\mu_g(x)$ 和 $\sigma_g(x)$ 分别为 Kriging 预测值均值和标准差，见公式（6-5）和公式（6-6）；$U(x)$ 表示某一点 x 处预测值符号正确的指标值，类似于可靠度指标。则该点 x 处预测值符号正确的概率 P_{right} 可以表示为：

$$P_{right} = \Phi(U(x)) = \Phi\left(\left|\frac{\mu_g(x)}{\sigma_g(x)}\right|\right) \tag{6-16}$$

式中，$\Phi(\cdot)$ 表示标准正态累积分布函数。

分析可知，U 值越小，在点 x 处预测符号错误的概率越大，则说明点 x 的位置可能越靠近于极限状态面 $g(x)=0$（即 $\mu_g|(x)|$ 值较小），或者点 x 可能具有较高的不确定性（较高的 Kriging 方差，即 $\sigma_g|(x)|$ 值较大），也可能这两种情况同时存在。在 Monte Carlo 法得到的大量样本点中，U 最小对应的点 x 具有上述特征，即 U 最小对应的点更靠近极限状态和具有较高的预测不确定性。

上述学习函数选点是用在 AK-MCS[112] 中，通过将其与 Monte Carlo 法相结合。然而由于子集模拟失效域 $F=\{x:g(x)<0\}$ 被分割成若干中间失效域，故很难将其与 SSIS 直接应用。通过分析我们知，在不同子集 $g(x)=b_k,(k=1,\cdots,m)$ 的不确定性能够引起 $g(x)<b_k$ 到 $g(x)>b_k$（或者从 $g(x)<b_k$ 到 $g(x)>b_k$）的变化，因此，适应于 SSIS 的改进学习函数可表达为：

$$U(x^i) = \frac{|b_k - \mu_g(x^i)|}{\sigma_g(x^i)},(i=1,\cdots,N_{total};k=1,\cdots,m) \tag{6-17}$$

其中，b_k 为 $F_k=\{x:g(x)<b_k\}(k=1,2,\cdots,m)$ 的各个临界值。

最终通过不断地更新 Kriging 预测模型，并将从最后子集中选取最佳样本点，关于选点的更多细节，见 6.4.3 内容。

6.4.2　迭代停止条件

在 AK-MCS/AK-IS 中，迭代停止条件为：

$$\min[U(x^i)] \geqslant U_{threshold}, x^i \in S \tag{6-18}$$

其中，$S=\{x^1,x^2,\cdots,x^{N_{total}}\}$ 为 MCS/IS 生成的样本点，$x^i(i=1,2,\cdots,N_{total})$ 为 S 中第 $x^i(i=1,2,\cdots,N_{total})$，$U(x^i)$ 为学习函数，见式（6-15）；$U_{threshold}$ 为学习函数的界限值，在 AK-MCS 中，$U_{threshold}=2$，表示采用 Kriging 预测模型来预测样本总体 S 的符号正确的概率为 $P_{threshold}=\Phi(2)=0.977$。

根据 AK-MCS/AK-IS 算法，在样本点 x^i 预测符号正确的概率为 $P^i=\Phi(U(x^i))$，那么样本总体 $S=\{x^1,x^2,\cdots,x^{N_{total}}\}$ 中所有样本的符号预测正确的概率为 $P=\{P^1,P^2,\cdots,P^{N_{total}}\}$，则迭代停止条件式（6-18）变为：

$$P_S^{AK-MCS} = \min(P^i) \geqslant P_{threshold}, P^i \in P \tag{6-19}$$

其中，$P_{threshold}=\Phi(U_{threshold})$ 为样本总体 S 中分类符号正确的概率极限值，

$P_S^{\text{AK-MCS}}$ 为由 AK-MCS 算法中判断 S 中预测符号正确的概率。

分析上述迭代停止条件可知,AK-MCS/AK－IS 的目的是提高 S 符号分类正确的概率,所以迭代停止条件的目的可表达为:

$$P_S \geqslant P_{\text{threshold}} \tag{6-20}$$

其中,P_S 为样本总体 S 的符号预测正确的概率。

然而,由于 $P_S^{\text{AK-MCS}}$ 是样本总体中学习函数值最小的一个,故迭代停止条件式(6-18)或式(6-19)太保守,因此,基于这样的思想,为了保证样本总体的符号分类正确概率,主动迭代学习的过程仍然需要额外的迭代选点,这种现象见 6.4.2.2 内容。

为了更加精确地判断 P_S 是否大于 $P_{\text{threshold}}$,提出了一种新迭代停止条件如下:

$$\begin{cases} \text{如果任何 } N_c^k \text{ 满足条件 } N_c^k \geqslant \dfrac{P_{\text{threshold}} N_{\text{total}}}{P_{\text{control}}^k}, k = 1, 2, \cdots, n_c \\ \text{则 } P_S \geqslant P_{\text{threshold}} \end{cases} \tag{6-21}$$

其中,$P_{\text{control}}^k (k = 1, 2, \cdots, n_c)$ 按在区间 $[P_{\text{threshold}}, 1)$ 均匀地取 n_c 个值,n_c 越大,则新迭代停止条件式(6-21)判断样本总体符号预测的概率越精确(本书中选取 $n_c = 1\,000$);$N_c^k = \{$满足 $P^i > P_{\text{control}}^k$ 的 P^i 数量 $| P^i \in P\}$;新迭代停止式(6-21)的推导过程如下。

6.4.2.1　推导过程

已知:$S = \{x^1, x^2, \cdots, x^{N_{\text{total}}}\}$ 为随机模拟得到的样本总体;$x^i (i = 1, 2, \cdots, N_{\text{total}})$ 为样本总体 S 中第 i 个样本点;$P^i = \Phi(U(x^i))$ 为在样本点 x^i 的符号预测正确的概率;$P = \{P^1, P^2, \cdots, P^{N_{\text{total}}}\}$ 为对应于样本总体 $S = \{x^1, x^2, \cdots, x^{N_{\text{total}}}\}$ 中各样本点的符号预测正确的概率;$P_{\text{control}} \in [P_{\text{threshold}}, 1)$ 区间:

$$N_c = \{\text{满足 } P^i > P_{\text{control}} \text{ 的 } P^i \text{ 数量 } | P^i \in P\} \tag{6-22}$$

证明:如果

$$N_c \geqslant \frac{P_{\text{threshold}} N_{\text{total}}}{P_{\text{control}}} \tag{6-23}$$

则

$$P_S \geqslant P_{\text{threshold}} \tag{6-24}$$

证明推导过程:

将 $x^i (i = 1, 2, \cdots, N_{\text{total}})$ 按照 P^i 从大到小排序,排序后的样本总体 S 为 $S' = [x'^1, x'^2, \cdots, x'^{N_{\text{total}}}]$,其中 $P'^i (i = 1, 2, \cdots, N_{\text{total}})$ 为在样本点 $x'^i (i = 1, 2, \cdots, N_{\text{total}})$ 的预测符号正确的概率,则有 $P'^1 > P'^2 > \cdots > P'^{N_{\text{total}}}$。

由于 $N_c = \{$满足 $P^i > P_{\text{control}}$ 的 P^i 数量 $| P^i \in P\}$,则:

$$P'^{N_c} \geqslant P_{control} \geqslant P'^{N_c+1} \tag{6-25}$$

那么有 $S' = [x'^1, x'^2, \cdots, x'^{N_c}, x'^{N_c+1}, \cdots, x'^{N_{total}}]$，令 $S'^1 = [x'^1, x'^2, \cdots, x'^{N_c}]$，$S'^2 = [x'^{N_c+1}, x'^{N_c+2}, \cdots, x'^{N_{total}}]$，则 $S' = [S'^1, S'^2]^T$。

（1）计算 S'^1 中预测符号正确的样本点数 $N_{control}^1$

根据已知，P'^{N_c} 为 S'^1 中最小的一个，那么 S'^1 中预测符号正确的概率可表示为：

$$P_{S'^1} \geqslant P'^{N_c} \tag{6-26}$$

将式（6-25）代入式（6-26），则有：

$$P_{S'^1} \geqslant P_{control} \tag{6-27}$$

如果 $P_{S'^1} = P_{control}$，在 S'^1 中预测符号正确的数量 $N_{control}^1$ 服从二项分布，即 $N_{right}^1 \sim B(N_c, P_{S'^1})$。根据二项分布理论，$N_{right}^1$ 的估计值为：

$$N_{right}^1 = E(N_{right}^1) = N_c P_{S'^1} = N_c P_{control} \tag{6-28}$$

然而实际 $P_{S'^1} \geqslant P_{control}$，所以 N_{right}^1 应该满足如下条件：

$$N_{right}^1 \geqslant N_c P_{S'^1} \tag{6-29}$$

（2）计算 S'^2 中预测符号正确的样本点数 $N_{control}^2$

分析可知，样本总体 S'^2 中预测符号正确的概率应该很小，换句话说，S'^2 中样本点很容易预测符号错误。出于保守，令 S'^2 中符号正确的概率至少为 0，即：

$$N_{right}^2 \geqslant 0 \tag{6-30}$$

（3）计算 S' 中预测符号正确的概率 $P_{S'}$

根据概率论基本公式，$P_{S'}$ 为：

$$P_{S'} = \frac{N_{right}}{N_{total}} \tag{6-31}$$

其中，N_{right} 为 S' 中预测符号正确的样本点数，且 N_{right} 满足如下条件：

$$N_{right} = N_{right}^1 + N_{right}^2 \tag{6-32}$$

将式（6-29）、式（6-30）及式（6-32）代入式（6-31），则 S' 中预测符号正确的概率 $P_{S'}$ 为：

$$P_{S'} \geqslant \frac{N_c P_{control}}{N_{total}} \tag{6-33}$$

（4）得到需证明的关系式

根据证明关系式，如果有式 $N_c \geqslant \dfrac{P_{threshold} N_{total}}{P_{control}}$，将其代入式（6-33），则有

$$P_{S'} \geqslant \frac{N_c P_{control}}{N_{total}} \geqslant \frac{P_{threshold} P_{control}}{P_{control}} = P_{threshold} \tag{6-34}$$

根据已知，S' 和 S 为同一样本总体，则有：

$$P_S = P_{S'} \geqslant P_{threshold} \tag{6-35}$$

证毕。

6.4.2.2　讨论与分析

（1）当 $P_{\text{control}} = P_{\text{threshold}}$，则改进迭代停止条件式（6-21）变为：

$$\begin{cases} \text{如果 } N_c \geqslant N_{\text{total}} \\ \text{则 } P_S \geqslant P_{\text{threshold}} \end{cases} \tag{6-36}$$

然而实际上 $N_c \leqslant N_{\text{total}}$，改进停止条件可变为：

$$\begin{cases} \text{如果 } N_c = N_{\text{total}} \\ \text{则 } P_S \geqslant P_{\text{threshold}} \end{cases} \tag{6-37}$$

那么就有 $S=S'$，$S''=[\ ]$ 以及 $P'^1 > P'^2 > \cdots > P'^{N_{\text{total}}} \geqslant P_{\text{threshold}}$，根据新迭代停止条件，有 $N_c = \{\text{满足 } P^i > P_{\text{control}} \text{ 的 } P^i \text{ 数量} | P^i \in P\}$。也就是说，如果 $N_c = N_{\text{total}}$，则 P 中所有的 P^i 都大于 $P_{\text{control}} = P_{\text{threshold}}$，迭代停止条件与在 AK-MCS 中使用的迭代停止条件式（6-19）是相同的。

因此，通过分析可知，在 AK-MCS 中使用的迭代停止条件式（6-19）是所提出的改进迭代停止条件的一种特殊情况。

为了方便阐述，AK-MCS 使用迭代停止条件是保守的且造成额外的迭代选点，假设 S 有仅有 1 000 个样本点，即 $S=[x'^1, x'^2, \cdots, x'^{1\,000}]$，$P'^i (i=1,2,\cdots,1\,000)$ 为对应于 S 的学习函数值。

假设有这么一种学习函数值局部过小情况：$P'^1, P'^2, \cdots, P'^{990}$ 非常大（例如 $P'_i \gg P_{\text{threshold}} = \Phi(2)$，$i=1,2,\cdots,990$），而 $U'^{990}, U'^{991}, \cdots, U'^{1\,000}$ 非常小。在这种情况中，根据 6.4.2.1 内容知，候选样本总体 S 中预测值符号正确的概率至少为 $\Phi(2) = 0.977$。如果此时仍然采用式（6-19）作为学习停止条件，即 $P'^{1\,000} \geqslant P_{\text{threshold}}$，则学习过程中一定会需要额外的学习次数，因为 $P'^{1\,000} \geqslant P_{\text{threshold}}$ 这个条件太保守。

（2）当 $P_{\text{control}} > P_{\text{threshold}}$ 时，由前文推导知 $N_c \geqslant \dfrac{P_{\text{threshold}} N_{\text{total}}}{P_{\text{control}}}$ 也能够保证候选样本总体 S 中预测符号正确的概率为 $P_{\text{threshold}}$，将该式作为学习停止条件能够避免由于 S 中学习函数值局部过小而引起的额外学习次数的现象。但如果 U_{control} 的选择不恰当，该学习停止条件仍然不是最好的，下面阐述这种现象，并提出解决方法。

为了叙述由于 P_{control} 的选择不恰当导致式（6-21）也会造成额外学习次数。仍假设 S 中仅仅 1 000 个样本点，即 $S=[x'^1, x'^2, \cdots, x'^{1\,000}]$，$P'^i (i=1,2,\cdots,1\,000)$ 为对应的学习函数值，且满足关系 $P'^1 > P'^2 > \cdots > P'^{1\,000}$。

假设有一种学习函数值的情况：$P'^1, P'^2, \cdots, P'^{1\,000}$ 差不多大小（例如 $P'^1 \approx$

$P'^2 \approx \cdots \approx P'^{1\,000} \approx P_{\text{threshold}} = 2$，且满足 $P'^1 > P'^2 > \cdots > P'^{1\,000} > P_{\text{control}} = 2$）。在这种情况中，如果主动学习方法采用 $N_c \geqslant \dfrac{P_{\text{threshold}} N_{\text{total}}}{P_{\text{control}}}$（其中选择 $P_{\text{control}} = 2$）作为学习停止条件，则学习过程中仍会需要额外的学习次数，因为 $N_c \geqslant \dfrac{P_{\text{threshold}} N_{\text{total}}}{P_{\text{control}}}$ 这个关系式仍然没有满足。

（3）通过上述两种情况的分析知，P_{control} 太大（$P_{\text{control}} > P_{\text{threshold}}$）或者太小（$P_{\text{control}} = P_{\text{threshold}}$），都不能保证一定能够得到较好的学习停止的效果（较少的样本数量，且保证同样的符号正确的概率），所以 P_{control} 的选择是一件棘手的问题。

在所提出的算法中，通过选择多个 P_{control} 以避免上述存在的问题。多个 P_{control} 分别表示为 $P_{\text{control}}^k (k=1,2,\cdots,n)$，它们对应的 N_c 为 $N_c^k (k=1,2,\cdots,n)$。如果任何一个 N_c^k 满足 $N_c^k \geqslant \dfrac{P_{\text{threshold}} N_{\text{total}}}{P_{\text{control}}^k}, k=1,2,\cdots,n_c$，则主动学习过程停止。关于主动学习可靠性算法更多的详细过程见 6.4.3 内容。

6.4.3 基本流程

所提出的算法流程如图 6-1 所示，基本步骤如下。

步骤 1 采用定义初始试验设计 $S_{\text{DOE}} = [p^1,\cdots,p^N]$，初始试验设计（Design of Experiments，DOE）并计算对应于 S_{DOE} 功能函数的响应值 Y_{DOE}。试验设计可以采用拉丁超立方、中心复合设计、全因子设计等。在所提出的算法中，初始试验设计倾向于选择较少的数量，后续一步一步地迭代学习选点，将其加入 DOE，根据文献[91]的建议，初始试验设计样本点的数量不要少于 $(n+1)(n+2)/2$，其中 n 为随机变量的数量。

步骤 2 通过 S_{DOE} 和 Y_{DOE} 建立 Kriging 预测模型 $\hat{g}(x)$，并令 $N_{\text{iter}} = 1$。

步骤 3 采用第 2.4 节所介绍的改进一次二阶矩法，计算 H-L 可靠度指标 β 和相应的设计验算点。

步骤 4 如果满足 $N_{\text{iter}} = 1$ 或者 $\left| \dfrac{\beta^{N_{\text{iter}}} - \beta^{N_{\text{iter}}-1}}{\beta^{N_{\text{iter}}}} \right| > \varepsilon$，转到下一步骤；如都不满足，转到步骤 6。

步骤 5 由 6.3 节介绍的 SSIS 法生成候选样本空间 $S = [x^1,x^2,\cdots,x^{N_{\text{total}}}]$，其中失效域 F 被分割为 m 部分，即 $F_k = \{x : \hat{g}(x) < b_k\}, (k=1,2,\cdots,m)$，$N_{\text{total}}$ 为候选样本的总数量。需要注意的是，在样本空间 S 中，不需要计算每一个样本点的功能函数响应，它们仅仅代表候选样本，如果主动学习函数鉴定出最佳样本时，再计算其功能函数响应值。

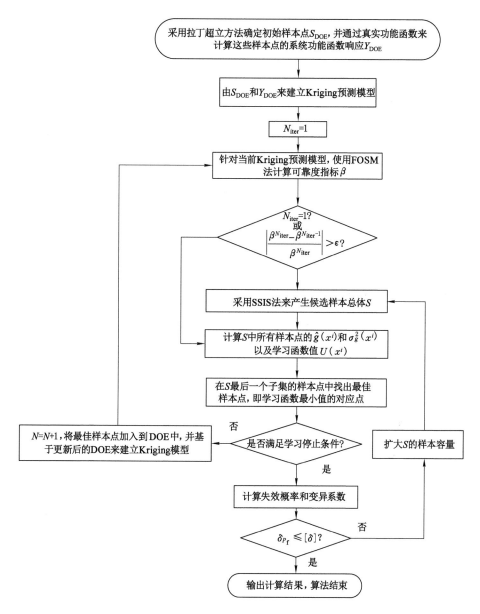

图 6-1　AK-SSIS 算法的流程图

步骤 6　计算在样本空间 S 中最后一个子集中所有样本点的 Kriging 预测值 $\hat{g}(x^i)$ 和方差 $\sigma_g^2(x^i)$，然后根据公式(6-17)，计算每个样本点的学习函数值。

步骤 7　根据 6.4.1 内容所述的学习选点规则，从 S 最后一个子集中找出最佳样本点。

步骤8 如果满足改进迭代停止条件，即式(6-21)，那么主动学习停止；否则，令 $N=N+1$，并且使用最佳样本点更新先前的 DOE，并建立更新后的 Kriging 模型，转到步骤 3。

步骤9 根据 6.3 节子集模拟重要抽样的式(6-10)和式(6-14)，计算失效概率和它的变异系数。

步骤10 如果变异系数 $\delta_{P_f} \leqslant [\delta]$，则 AK-SSIS 算法停止，其中，根据文献[108]，一般选择 $[\delta]=0.03$；否则的话，扩展 S 的候选样本数量，转到步骤 5。

6.5 算例验证

6.5.1 一般非线性显式功能函数的验证

第一个例子为文献[114]中某结构的功能函数，其表达式如下：

$$g_u(u_1, u_2) = u_1 u_2 - 1\,500 \tag{6-38}$$

其中，u_1 和 u_2 相互独立，均服从正态分布，其分布参数分别为 $\mu_{u_1} = 38$，$\mu_{u_2} = 54$，$\sigma_{u_1} = 3.8$，$\sigma_{u_2} = 2.7$。

为了便于统一编写程序，先将式(6-38)转化为标准正态分布变量空间下的功能函数，即：

$$
\begin{aligned}
g(x_1, x_2) &= g_u(\sigma_{u_1} x_1 + \mu_{u_1}, \sigma_{u_2} x_2 + \mu_{u_2}) = (\sigma_{u_1} x_1 + \mu_{u_1})(\sigma_{u_2} x_2 + \mu_{u_2}) - 1\,500 \\
&\Rightarrow g(x_1, x_2) = (3.8 x_1 + 38)(2.7 x_2 + 54) - 1\,500
\end{aligned}
\tag{6-39}
$$

其中，x_1 和 x_2 相互独立，均服从标准正态分布。当极限状态面($g(x_1, x_2) = 0$)为一条非线性曲线，如图 6-2 所示。

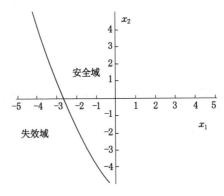

图 6-2 $g(x)=0$ 时极限状态函数

根据所提出的算法流程采用 Matlab 编制程序,选取 $P_{\text{threshold}}=0.977$,取 $n_c=1\,000$,$P_{\text{control}}^k(k=1,2,\cdots,n_c)$ 在区间 $[P_{\text{threshold}},1)$ 均匀地取 $1\,000$ 个值,按照式(6-21)迭代停止条件来判断学习是否停止,SSIS 每个子集样本的数量为 $N_i=1\times10^4$,$i=1,2,\cdots,m$,初始试验设计采用拉丁超立方法,在随机变量空间 $(-5\sigma_i,5\sigma_i)$ 中生成初始的试验设计样本点(初始选取 6 个样本点),建立初始 Kriging 预测模型,通过主动学习选点,更新 DOE 并重新建立 Kriging 预测模型。在本算例中仅需要 3 次学习就可满足要求,CPU 计算时间为 38.38 s,初始设计样本点和学习过程的样本点如图 6-3 所示,Monte Carlo 抽样点如图 6-4 所示。从图 6-3 中可以看出,通过学习函数选出的样本点在功能函数附近,能够充分发挥有限的样本信息,达到了使用尽可能少的样本点来拟合出较好的功能函数的目的。

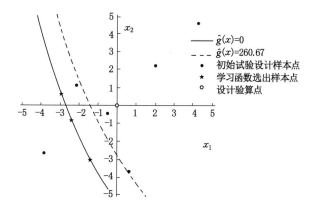

图 6-3　初始试验设计点、学习点和设计验算点

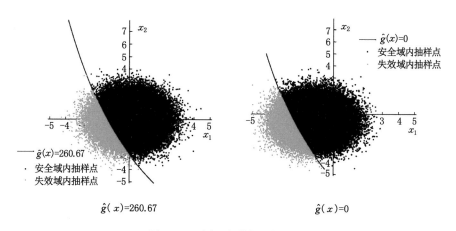

图 6-4　不同子集模拟的样本点

为了验证 AK-SSIS 算法的精确性和有效性，将 AK-SSIS 算法分别与 Monte Carlo 法、一次二阶矩（FOSM）、重要性采样（Importance Sampling，IS）法、没有采用学习选点的 ABC-Kriging 算法进行对比，不同方法的计算结果见表 6-1，其中，Monte Carlo 法作为精确解来检验其他方法的精确性（抽样点为 5×10^6，$\delta = 0.56\%$），ABC-Kriging 算法的计算结果来源于文献[114]，而 FOSM＋IS 指的是初始设计点由 FOSM 确定，然后基于设计验算点进行重要抽样得到计算可靠度。

注：表中 N_{call} 表示调用真实极限状态函数的次数，ε_{P_f} 表示各类方法的计算失效率相比于 Monte Carlo 法的相对误差，其计算式为 $\varepsilon_{P_f} = \dfrac{\left| P_f - P_f^{MC} \right|}{P_f^{MC}}$，$P_f^{MC}$ 表示 Monte Carlo 法计算得到的失效概率，一表示相对误差值非常小，几乎为 0，t_{CPU} 是由 Matlab 语句获得的计算机 CPU 计算时间，用于衡量算法计算效率。

从表 6-1 中可以看出，AK-SSIS 算法计算精度最高，计算效率明显高于优化 Kriging 模型但无学习选点的 ABC-Kriging 可靠性算法，且 AK-SSIS 算法仅需 9 个样本点（6＋3）就能得到非常精确的计算结果。

表 6-1　不同方法计算结果比较

方法	N_{call}	$P_f(10^{-3})$	$\varepsilon_{P_f}(\%)$	t_{CPU}/s
Monte Carlo 法	5×10^6	$6.31(\delta = 0.56\%)$	—	87.9
FOSM 法	5	6.00	4.91	7.45
FOSM＋IS 法	$10\ 005(5+1 \times 10^4)$	6.27	0.32	7.63
ABC-Kriging 法	36	6.50	3.01	222
AK-SSIS 法（本书提出的算法）	9(6+3)	6.30	0.16	38.4

6.5.2　小失效概率非线性功能函数的验证

第二个例子为二维小失效概率非线性功能函数，此算例用于检验 AK-SSIS 算法的计算精度和稳定性，该算例来源于文献[113]，其功能函数表示为：

$$g(x_1, x_2) = 0.5(x_1 - 2)^2 - 1.5(x_2 - 5)^3 - 3 \tag{6-40}$$

式中，随机变量 x_1、x_2 服从标准正态分布且相互独立，图 6-5 为极限状态 $[g(x) = 0]$ 为非线性曲线。

根据 AK-SSIS 算法流程采用 Matlab 编制程序，选取 $P_{threshold} = 0.977$，取 $n_c = 1\ 000$，$P_{control}^k (k = 1, 2, \cdots, n_c)$ 在区间 $[P_{threshold}, 1)$ 均匀地取 1 000 个值，按照式(4-21)迭代停止条件来判断学习是否停止，SSIS 每个子集样本的数量为

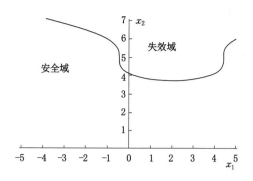

图 6-5 极限状态函数 $g(x)=0$

$N_i=1\times10^4,i=1,2,\cdots,m$,初始试验设计采用拉丁超立方方法,在随机变量空间 $(-5\sigma_i,5\sigma_i)$ 中生成初始的试验设计样本点(初始选取 10 个样本点),建立初始 Kriging 预测模型,通过主动学习选点,更新 DOE 并重新建立 Kriging 预测模型。

图 6-6 绘制了在 $(-5\sigma_i,5\sigma_i)$ 的初始试验设计样本点位置、主动学习的样本点、最终确定的 SSIS 各子集区域,而 SSIS 抽样点如图 6-7 所示。从图 6-6 中可以看出,通过学习函数选出的样本点在功能函数附近,而且仅需要 5 次学习就可满足要求,说明该方法能够充分发挥有限的样本信息,使用尽可能少的样本点来拟合出较好的功能函数。

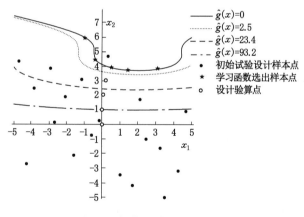

图 6-6 初始设计点和学习点

为了验证 AK-SSIS 算法的精确性和有效性,分别采用 AK-SSIS、Monte Carlo 法、一次二阶矩(FORM)、一次二阶矩+重要抽样法(FORM+IS)、AK-IS 等方法来计算该算例,得到的各计算结果见表 6-2,其中,Monte Carlo 法作为精确解来检验其他方法的精确性(抽样点为 $1\times10^9,\delta=0.59\%$),AK-IS 的计算结

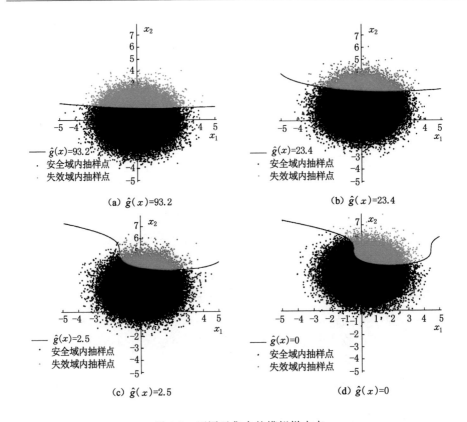

图 6-7　不同子集内的模拟样本点

果来源于文献[113]，而 FORM＋IS 指的是初始设计点由 FORM 确定，然后基于设计验算点进行重要抽样得到计算可靠度。表 6-2 中，N_{call} 表示调用功能函数的次数，P_f 表示计算的失效概率，δ 为失效概率的变异系数，ε_{P_f} 为相对误差，其值为 $\varepsilon_{P_f}=\left|P_f-P_f^{MC}\right|/P_f^{MC}$。$t_{CPU}$ 是由 Matlab 语句获得的计算机 CPU 计算时间，用于衡量算法计算效率。

表 6-2　不同方法的比较

方法	N_{call}	$P_f(10^{-5})$	$\varepsilon_{P_f}(\%)$	t_{CPU}/s
Monte Carlo 法	1×10^9	$2.87(\delta=0.59\%)$	—	2.06×10^4
FORM 法	19	4.21	46.3	27.9
FORM＋IS 法	$10\ 019(19+1\times10^4)$	2.90	1.01	28.1
AK-IS 法	$26(19+7)$	2.86	0.47	75.3
AK-SSIS 法（本书所提出的算法）	$24(19+5)$	2.88	0.15	79.5

通过对比表 6-2 中各类方法发现，AK-SSIS 算法最少地调用实际极限状态函数，仅需要总共 24(19＋5)个样本来建立 Kriging 模型就能得到较为精确的可靠度，更加接近于 Monte Carlo 法，计算精度更高。尤其需要注意的是，AK-SSIS 算法与 AK-IS 算法对比，AK-SSIS 算法的 CPU 计算时间为 79.5 s，与 AK-IS 算法计算速度相当，计算结果都较为精确，所不同的是，AK-SSIS 算法少调用 2 次样本，这主要是因为 AK-SSIS 算法中采用了改进学习停止条件的缘故，因此 AK-SSIS 算法能够更好地发挥样本信息，在使用较少有限样本信息的基础之上达到同样的作用。

6.5.3　多维非线性显式功能函数的验证

第三个算例是用于处理无阻尼单自由度系统的非线性振荡器，如图 6-8 所示，该问题具有多个随机变量，在文献[171-174]中已经详细阐述。其功能函数可表述为：

$$g(C_1, C_2, M, R, T_1, F_1) = 3R - \left| \frac{2F_1}{M\omega_0^2} \sin\left(\frac{\omega_0 T_1}{2}\right) \right| \quad (6\text{-}41)$$

式中，$\omega_0 = \sqrt{\dfrac{C_1 + C_2}{M}}$，这 6 个随机变量均服从正态分布，其均值和标准差见表 6-3。

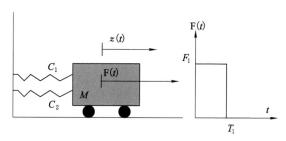

图 6-8　非线性振荡器

表 6-3　所有随机变量的均值与标准差

随机变量	分布类型	均值	标准差
C_1	正态分布	1	0.1
C_2	正态分布	0.1	0.01
M	正态分布	1	0.05
R_1	正态分布	0.5	0.05
T_1	正态分布	1	0.2
F	正态分布	1	0.2

根据 AK-SSIS 算法流程采用 Matlab 编制程序，选取 $P_{threshold}=0.977$，取 $n_c=1\,000$，$P_{control}^k(k=1,2,\cdots,n_c)$ 在区间 $[P_{threshold},1)$ 均匀地取 $1\,000$ 个值，按照式(11-21)迭代停止条件来判断学习是否停止，SSIS 每个子集样本的数量为 $N_i=1\times10^4$，$i=1,2,\cdots,m$，初始试验设计采用拉丁超立方法，在随机变量空间 $(-5\sigma_i,5\sigma_i)$ 中生成初始的试验设计样本点(初始选取 10 个样本点)，建立初始 Kriging 预测模型，通过主动学习选点，更新 DOE 并重新建立 Kriging 预测模型。

为了验证 AK-SSIS 算法的精确性和有效性，Monte Carlo 法(抽样点为 1×10^6，$\delta=0.58\%$)、FORM 法、重要抽样(IS)法、重要抽样＋响应面(IS＋Response Surface)法、重要抽样＋样条曲线(IS＋Spline)法、重要抽样＋神经网络(IS＋Neural Network)法、AK-MCS 法、AK-SSIS 法等方法的计算结果，见表 6-4。其中，采用 Monte Carlo 法作为精确解来检验其他方法的精确性。

表 6-4　不同方法计算结果的比较

方法	N_{call}	$P_f(10^{-2})$	$\varepsilon_{P_f}(\%)$	t_{CPU}/s
Monte Carlo 法	1×10^6	$2.86(\delta=0.58\%)$	—	316
FORM 法	6	3.11	8.74	7.68
IS 法	6 144	2.74	4.20	8.34
IS＋Response Surface 法	109	2.51	12.2	10.2
IS＋Spline 法	67	2.73	4.55	9.78
IS＋Neural Network 法	68	3.12	9.09	223
AK-MCS 法	58	2.84	0.699	81.4
AK-SSIS 法(本书所提出的算法)	52(29＋23)	2.87	0.350	79.5

通过对比表 6-4 中各类方法发现，AK-SSIS 算法的 CPU 计算时间为 79.5 s，少于 AK-MCS 和 IS＋Neural Network 法，高于 IS＋Response Surface 法、IS＋Spline 法和直接 IS 法。同时也可以得到 AK-SSIS 算法最少地调用实际功能函数，仅需要总共 52(29＋23)个样本来建立 Kriging 模型就能得到较为精确的可靠度，更加接近于 Monte Carlo 法，计算精度更高。通过本算例，说明了 AK-SSIS 算法能够适用于多维可靠性问题，而并非仅仅为二维随机变量的可靠性问题。

6.5.4　结果分析与讨论

第 1 个算例可以表明，相比于未使用学习选点的 Kriging 可靠性算法，AK-

SSIS 算法的计算效率明显提高,且需要调用计算功能状态函数的次数较少,可靠度计算精度更高,文献[110]中虽然采用 ABC 优化 Kriging 模型参数,但是由于样本点的选择不恰当(不重要区域的过多抽样),而导致可靠度计算精度低和需要较多的样本数量,大部分的计算效率都浪费在优化 Kriging 模型参数中,从而说明了 AK-SSIS 算法主动学习选点的精确性和计算效率的高效性。

第 2 个算例为二维小失效概率问题,与 AK-IS 算法不同的是,AK-SSIS 抽样方法采用改进学习停止条件,因此,AK-SSIS 算法能够更少地调用功能函数的样本次数,从而说明了 AK-SSIS 所提出的改进迭代停止条件能够更好地发挥样本信息。

第 3 个算例已在许多文献[171-174]中提及和计算,对比各类方法(如响应面法、样条曲线法、神经网络法)的结果知,虽然 AK-SSIS 算法 CPU 计算效率稍低于 IS+响应面法、IS+样条曲线法和直接重要抽样法,但是 AK-SSIS 算法最少地调用真实极限状态函数,仅需要总共 52(29+23)个样本来建立 Kriging 预测模型就能得到最为精确的可靠度。而且通过该算例也说明了 AK-SSIS 算法不仅适用于二维随机变量的情况,而且也适用于多变量的问题,相比于重要抽样法如 AK-IS 法具有更高的通用性。

在许多实际问题中其功能函数通常是隐式的和高度非线性的,求解这种隐式函数的响应通常采用数值仿真计算(例如有限元或有限差分),这种数值计算每运行一次,往往需要数分钟或数小时,甚至几天。对于这种隐式功能函数,由于大量抽样需要太多的时间,很难进行可靠度的计算。对于这种隐式且复杂问题的可靠度计算,由于 AK-SSIS 算法能够尽可能少地调用真实极限状态函数的特性,所以能够较好地解决这种计算量大的问题,能够极大地减少可靠性分析所需要的时间且得到较高的计算精度。AK-SSIS 算法在齿轮非线性系统振动可靠性分析的应用,详见 6.7 节。

6.6　基于 Kriging 模型的可靠性灵敏度分析

本节主要是介绍应用 Kriging 预测模型的可靠性灵敏度分析方法,为后续齿轮非线性振动可靠性灵敏度分析提供理论基础。

结构失效概率的精确表达式为基本变量的联合概率密度函数在失效域中的积分,即:

$$P_f = \int \cdots \int_F f_{x_1}(x_1) f_{x_2}(x_2) \cdots f_{x_n}(x_n) \, \mathrm{d}x_1 \mathrm{d}x_2 \cdots \mathrm{d}x_n \qquad (6\text{-}42)$$

式中,$f_{x_i}(x_i)$,$i=1,2,\cdots,n$ 为各随机变量的概率密度函数,F 为失效域。

可靠性灵敏度的定义则是失效概率 P_f 对基本随机变量 x_i 的分布参数 $\theta_{x_i}^{(k)}$ $(i=1,2,\cdots,n;\theta_{x_i}^{(k)}$ 包括均值 μ_{x_i}、标准差 σ_{x_i})的偏导数。将式(6-42)所表示的失效概率 P_f 对分布参数 $\theta_{x_i}^{(k)}$ 求偏导,可得到可靠性灵敏度:

$$\frac{\partial P_f}{\partial \theta_{x_i}^{(k)}} = \int_F \frac{\partial f_x(x)}{\partial \theta_{x_i}^{(k)}} \mathrm{d}x \tag{6-43}$$

将式(6-43)做如下变换:

$$\frac{\partial P_f}{\partial \theta_{x_i}^{(k)}} = \int_F \frac{\partial f_x(x)}{\partial \theta_{x_i}^{(k)}} \frac{1}{f_x(x)} f_x(x) \mathrm{d}x = \int_{R^n} I(g(x)) \frac{\partial f_x(x)}{\partial \theta_{x_i}^{(k)}} \frac{1}{f_x(x)} f_x(x) \mathrm{d}x \tag{6-44}$$

由于

$$\frac{\partial f_x(x)}{\partial \theta_{x_i}^{(k)}} \frac{1}{f_x(x)} = \frac{\partial [\ln f_x(x)]}{\partial \theta_{x_i}^{(k)}} \tag{6-45}$$

则式(6-44)可以表示为:

$$\frac{\partial P_f}{\partial \theta_{x_i}^{(k)}} = \int_F I(g(x)) \frac{\partial [\ln f_x(x)]}{\partial \theta_{x_i}^{(k)}} f_x(x) \mathrm{d}x = E\left\{ I(g(x)) \frac{\partial [\ln f_x(x)]}{\partial \theta_{x_i}^{(k)}} \right\} \tag{6-46}$$

由 AK-SSIS 法得到较为精确的 Kriging 预测模型 $\hat{g}(x)$ 后,采用式 $\hat{g}(x)$ 代替 $g(x)$ 的计算,则基于 Kriging 和 Monte Carlo 抽样的可靠性灵敏度可表示为:

$$\frac{\partial P_f}{\partial \theta_{x_i}^{(k)}} = \frac{1}{N} \sum_{j=1}^{N} I(\hat{g}(x_j)) \frac{\partial [\ln f_x(x)]}{\partial \theta_{x_i}^{(k)}} \bigg|_{x=x_j} \tag{6-47}$$

由式(6-47)可知,用该式进行灵敏度分析时并不需要用到失效概率值。事实上,式(6-47)只用到了随机变量的联合概率密度函数,可以根据它的解析表达式直接求导得到灵敏度。

对于统计独立的随机变量,灵敏度值仅与第 i 个随机变量有关,灵敏度可以表达为:

$$\frac{\partial P_f}{\partial \theta_{x_i}^{(k)}} = \frac{1}{N} \sum_{j=1}^{N} I(\hat{g}(x_j)) \frac{\partial [\ln f_x(x)]}{\partial \theta_{x_i}^{(k)}} \bigg|_{x=x_j} = \frac{1}{N} \sum_{j=1}^{N_i} I(\hat{g}(x_j)) \frac{\partial [\ln f_{x_i}(x)]}{\partial \theta_{x_i}^{(k)}} \bigg|_{x=x_j} \tag{6-48}$$

假设各随机变量均服从正态分布,则正态分布的概率密度函数为:

$$f(x) = \frac{1}{\sigma \sqrt{2\pi}} \mathrm{e}^{-\frac{(x-\mu)^2}{2\sigma^2}} \tag{6-49}$$

概率密度函数分别对分布参数 μ 和 σ 求偏导,可得:

$$\frac{\partial \ln f(x)}{\partial \mu} = \frac{1}{f(x)} \frac{1}{\sigma \sqrt{2\pi}} \mathrm{e}^{-\frac{(x-\mu)^2}{2\sigma^2}} \frac{x-\mu}{\sigma^2} = \frac{x-\mu}{\sigma^2} \tag{6-50}$$

$$\frac{\partial \ln f(x)}{\partial \sigma} = \frac{1}{f(x)}\left[\frac{-1}{\sigma^2 \sqrt{2\pi}}e^{-\frac{(x-\mu)^2}{2\sigma^2}} + \frac{1}{\sigma \sqrt{2\pi}}e^{-\frac{(x-\mu)^2}{2\sigma^2}}\frac{(x-\mu)^2}{\sigma^2}\right] = \frac{(x-\mu)^2 - \sigma^2}{\sigma^3}$$

$$(6\text{-}51)$$

通过上述灵敏度计算公式,可以利用 Monte Carlo 抽样,计算得到服从正态分布的随机变量的灵敏度$\partial P_{\mathrm{f}}/\partial \theta_{x_i}^{(k)}$。

工程实际中,基本随机变量的数量级一般相差很大,很难真实地反映随机参数对可靠性的影响程度。因此需要计算失效概率对各随机变量分布参数的无量纲灵敏度系数,比较不同随机变量的分布参数对失效概率的影响,无量纲灵敏度系数可通过式(6-52)计算。

$$S_{\theta_{x_i}^{(k)}} = \frac{\partial P_{\mathrm{f}}/P_{\mathrm{f}}}{\partial \theta_{x_i}^{(k)}/\sigma_{x_i}} \qquad (6\text{-}52)$$

通过对无量纲灵敏度系数 $S_{\theta_{x_i}^{(k)}}$ 进行分析,能够得到各随机变量对系统可靠性的不同影响。无量纲灵敏度系数 $S_{\theta_{x_i}^{(k)}}$ 越大,则表示系统的可靠性对随机变量的分布参数越敏感。一般来说,$S_{\theta_{x_i}^{(k)}}$ 的符号表示结构的可靠度对基本随机变量的变化趋势,如果 $S_{\theta_{x_i}^{(k)}}<0$,表示 P_{f} 随着随机变量的增加是单调递减的;如果 $S_{\theta_{x_i}^{(k)}}>0$,则表示 P_{f} 随着随机变量的增加是单调递增的。

利用式(6-52)可以求得失效概率对各随机变量分布参数的无量纲灵敏度,这里用 α_i 和 η_i 分别表示随机变量的均值和标准差的无量纲灵敏度。

$$\alpha_i = \frac{\partial P_{\mathrm{f}}/P_{\mathrm{f}}}{\partial \mu_{x_i}/\sigma_{x_i}} \qquad (6\text{-}53)$$

$$\eta_i = \frac{\partial P_{\mathrm{f}}/P_{\mathrm{f}}}{\partial \sigma_{x_i}/\sigma_{x_i}} \qquad (6\text{-}54)$$

将随机变量的均值和标准差的无量纲灵敏度取模,可得:

$$S_i = \sqrt{\alpha_i^2 + \eta_i^2} \qquad (6\text{-}55)$$

于是可以得到各随机变量的灵敏度因子 λ_i,可以更加清晰地描述各参数对系统可靠性的影响程度。

$$\lambda_i = \frac{S_i}{\sum\limits_{k=1}^{n} S_k} \times 100\% \qquad (6\text{-}56)$$

λ_i 能够真实地反映各随机参数对结构可靠性的影响程度,λ_i 越大表示该随机参数对系统可靠性影响程度越高。

6.7　齿轮非线性系统振动可靠性分析的应用

在齿轮运动过程中,会产生啮合传递误差,在设计参数不同的情况下,传递误差的波动值会有所不同,传递误差的波动值过大会使系统产生剧烈的冲击、振动和噪声。以一对外啮合齿轮为例,齿轮参数及工况见表 6-5,将传递误差的波动超过极限时的状态定义为失效状态,采用 AK-SSIS 算法来计算齿轮啮合运动时传递误差的波动值不超过极限值的可靠度,即齿轮系统传递误差的振动可靠度,并进行可靠性灵敏度分析。

表 6-5　齿轮参数及工况

名称	主动齿轮	从动齿轮
模数 m/mm	4	4
齿数 Z	20	30
齿顶高系数 h_a^*	1	1
顶隙系数 c^*	0.25	0.25
压力角 α_0/(°)	20	20
齿宽 B/mm	16	16
杨氏模量 E/MPa	2.07×10^5	2.07×10^5
泊松比 ν	0.259	0.259
转矩 T/(N·mm)	50 000	75 000
转速 n/(r·min^{-1})	3 000	2 000

6.7.1　齿轮间隙非线性动力学模型的建立

以齿轮系统动力学模型为例,如图 6-9 所示,模型中具有 4 个自由度,即主、从动齿轮绕旋转中心的旋转自由度 θ_p、θ_g 和沿 y 方向的平移自由度 y_p、y_g。

对齿轮动力学模型进行自由度合并与无量纲化处理,可得[188]:

$$\begin{cases} \dfrac{\mathrm{d}^2 y_p}{\mathrm{d}t^2} + 2\zeta_p \dfrac{\mathrm{d}y_p}{\mathrm{d}t} + 2\zeta_{mp} \dfrac{\mathrm{d}y}{\mathrm{d}t} + k_{11}f_p(y_p) + k_{13}f_m(y) = 0 \\[2mm] \dfrac{\mathrm{d}^2 y_g}{\mathrm{d}t^2} + 2\zeta_g \dfrac{\mathrm{d}y_g}{\mathrm{d}t} - 2\zeta_{mg} \dfrac{\mathrm{d}y}{\mathrm{d}t} + k_{22}f_g(y_g) - k_{23}f_m(y) = 0 \\[2mm] \dfrac{\mathrm{d}^2 y}{\mathrm{d}t^2} - \dfrac{\mathrm{d}^2 y_p}{\mathrm{d}t^2} + \dfrac{\mathrm{d}^2 y_g}{\mathrm{d}t^2} + 2\zeta_m \dfrac{\mathrm{d}y}{\mathrm{d}t} + k_{33}f_m(y) = F - \dfrac{\mathrm{d}^2 e}{\mathrm{d}t^2} \end{cases} \quad (6\text{-}57)$$

式中,无量纲化的间隙非线性函数为:

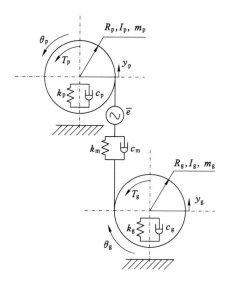

图 6-9　齿轮系统动力学模型

$$f_{\mathrm{m}}(x) = \begin{cases} y(t) - b_{\mathrm{m}}/b & y(t) > b_{\mathrm{m}}/b \\ 0 & -b_{\mathrm{m}}/b \leqslant y(t) \leqslant b_{\mathrm{m}}/b \\ y(t) + b_{\mathrm{m}}/b & y(t) < -b_{\mathrm{m}}/b \end{cases} \tag{6-58}$$

为了求解振动微分方程(6-57),需将二阶微分方程组降阶转化为一阶微分方程组,令 $y_1 = y_{\mathrm{p}}$,$y_2 = \dot{y}_{\mathrm{p}}$,$y_3 = y_{\mathrm{g}}$,$y_4 = \dot{y}_{\mathrm{g}}$,$y_5 = y$,$y_6 = \dot{y}$,则方程组(6-57)转化为:

$$\begin{cases} \dot{y}_1 = y_2 \\ \dot{y}_2 = -2\xi_{\mathrm{p}}\dfrac{\mathrm{d}y_{\mathrm{p}}}{\mathrm{d}t} - 2\xi_{\mathrm{mp}}\dfrac{\mathrm{d}y}{\mathrm{d}t} - k_{11}f_{\mathrm{p}}(y_{\mathrm{p}}) - k_{13}f_{\mathrm{m}}(y) \\ \dot{y}_3 = y_4 \\ \dot{y}_4 = -2\xi_{\mathrm{g}}\dfrac{\mathrm{d}y_{\mathrm{g}}}{\mathrm{d}t} + 2\xi_{\mathrm{mg}}\dfrac{\mathrm{d}y}{\mathrm{d}t} - k_{22}f_{\mathrm{g}}(y_{\mathrm{g}}) + k_{23}f_{\mathrm{m}}(y) \\ \dot{y}_5 = y_6 \\ \dot{y}_6 = F - \dfrac{\mathrm{d}^2 e}{\mathrm{d}t^2} + \dot{y}_2 - \dot{y}_4 - 2\xi_{\mathrm{m}}\dfrac{\mathrm{d}y}{\mathrm{d}t} - k_{33}f_{\mathrm{m}}(y) \end{cases} \tag{6-59}$$

其中,假设驱动力矩与负载力矩取其均值。时变啮合刚度值是通过在一个齿轮啮合周期内转动 11 个位置,分别建立有限元模型,提取各个位置的齿轮啮合刚度,由最小二乘法拟合可得综合啮合刚度拟合曲线,然后以啮合频率为基频进行傅立叶级数展开,取前一阶分量,得到啮合刚度 $k_{33}(t)$ 为 $k_{33}(t) = \dfrac{k_m(\bar{t})}{m_e \omega_n^2} =$

$\dfrac{k_m(\bar{t})}{k_0} = 1 + \varepsilon \sin(\omega_m t + \varphi_k)$,式中 $\varepsilon = k_1/k_0$,$t = \bar{t} \cdot \omega_n$,$\bar{\omega}_e = \omega_m \cdot \omega_n$。其他各无量纲参

数分别为:啮合频率为 $\bar{\omega}_m = \dfrac{2\pi n z_1}{60} = 2\,513.27$,固有频率为 $\omega_n = \sqrt{\dfrac{k_0}{m_e}} = 8\,781.88$,

支撑刚度取 3 倍的平均啮合刚度[175],支承阻尼比按实际工程经验选取,取 $\xi_p = \xi_g = 0.01$,为方便计算取轴承径向间隙为 0。齿轮副其他参数的选取和计算见表 6-6。

表 6-6　齿轮副其他参数

参数	主动齿轮	从动齿轮
质量 m/kg	0.465 6	1.053 6
转动惯量 I/(kg·mm²)	460.99	2 354.7
等效质量 m_e	0.226 5	
啮合阻尼比 ξ_m	0.05	
齿侧间隙 $2b_m$/mm	0.14	

齿轮误差用傅立叶级数变换为正弦函数表示[176],简谐函数的频率选为齿轮的啮合频率,则齿轮误差表示为:

$$\bar{e}(\bar{t}) = \bar{e}_0 + \bar{e}_r \sin(\bar{\omega}_m \bar{t} + \varphi) \tag{6-60}$$

式中,$\bar{e}(\bar{t})$ 为轮齿的齿形偏差和齿距偏差随时间 $\bar{t}$ 变化的函数;$\bar{e}_0$、$\bar{e}_r$ 为轮齿误差的常值和幅值,通常取 $\bar{e}_0 = 0$;ω_m 为齿轮的啮合频率;φ 为相位角,通常取 $\varphi = 0$。

则无量纲误差 $e(t)$ 为:

$$e(t) = \dfrac{\bar{e}(\bar{t})}{b} = \dfrac{\bar{e}_0}{b} + \dfrac{\bar{e}_r}{b} \sin(\omega_m t + \varphi) \tag{6-61}$$

式中,$t = \bar{t} \cdot \omega_n$,$\omega_m = \omega_m \cdot \omega_n$。齿轮的加工精度选为 5 级,齿形偏差和齿距偏差按概率合成[177]。

此后便可通过 Matlab 软件编制四阶 Runge-Kutta 数值积分进行求解计算,从而得到齿轮啮合传动误差的振动响应,详见 6.7.3 内容。

6.7.2　齿轮传递误差的初始 Kriging 状态函数的建立

假设齿轮时变啮合刚度、啮合阻尼、齿侧间隙和转速为随机因素,将与它们

的相关参数 ε、ξ_m、b_m、ω_m 都视为随机变量,各随机变量服从正态分布,均值与标准差见表 6-7。

表 6-7　各变量的均值和标准差

变量	ε	ξ_m	b_m	ω_m
分布类型	正态分布	正态分布	正态分布	正态分布
均值	0.2	0.1	0.07	0.3
标准差	0.02	0.02	0.01	0.05

将齿轮实际传递误差的波动范围超过极限值作为齿轮振动时失效准则,齿轮传递误差状态函数可表示为:

$$g(x) = |y| - \Delta y \tag{6-62}$$

其中,Δy 为齿轮实际传递误差的波动,即 $\Delta y = y_{max} - y_{min}$,$y_{max}$ 和 y_{min} 分别表示实际传递误差 y 在齿轮动态啮合过程中的最大值和最小值。$|y|$ 表示齿轮实际传递误差波动范围的极限阈值,当 $|y| > \Delta y$ 时,$g(x) > 0$,齿轮处于安全状态;当 $|y| \leqslant \Delta y$ 时,$g(x) \leqslant 0$,齿轮处于失效状态。在本应用算例中振动极限阈值 $|y|$ 取 0.05。

上述建立的齿轮传递误差响应状态函数式(6-62)为隐式的,其响应值 g 需通过 Runge-Kutta 求解齿轮非线性方程组(6-59)得到齿轮啮合实际传递误差各时刻内的输出值 y,然后代入式(6-62)得到响应状态函数值 g。

采用拉丁超立方抽样法,在设计空间 $(-5\sigma_i, 5\sigma_i)$ 内对 4 个设计变量进行抽样,产生 100 个样本点,将这些样本点保存为已知信息,并作为初始试验设计样本点 S_{DOE}。然后对初始试验设计 S_{DOE} 中每一组数据按照上述过程求解齿轮传递误差状态函数响应,可得到响应向量 Y_{DOE}。由初始试验设计 S_{DOE} 和响应向量 Y_{DOE} 建立初始 Kriging 预测模型。

6.7.3　基于 AK-SSIS 方法的齿轮振动可靠度计算

采用 6.4 节所提出的算法流程采用 Matlab 编制程序,选取 $P_{threshold} = 0.977$,取 $n_c = 1\,000$,$P_{control}^k (k = 1, 2, \cdots, n_c)$ 在区间 $[P_{threshold}, 1)$ 均匀地取 1 000 个值,按照式(6-21)迭代停止条件来判断学习是否停止,SSIS 每个子集样本点数量为 $N_i = 2 \times 10^4$,$i = 1, 2, \cdots, m$。通过主动学习选点,更新 DOE 并重新建立 Kriging 预测模型。经过 254 次循环续迭代后达到收敛条件,得到满足足够精度的齿轮传递误差状态函数的 Kriging 预测模型。

采用得到的 Kriging 预测模型代替齿轮振动功能函数响应值的计算,进行

50 000 次 Monte Carlo 模拟，图 6-10 所示为各参数样本历史曲线，再现了 50 000 次抽样中各参数的取值。

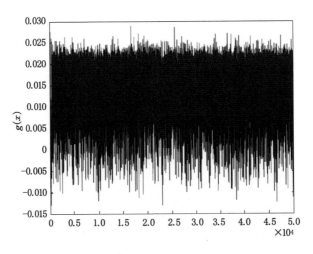

图 6-10 $g(x)$ 的样本历史曲线

对功能函数值 $g(x)$ 进行统计分析，可以得到功能函数值的频率分布直方图，如图 6-11 所示，分布比较光滑，没有大的间隙，表明抽样次数足够。

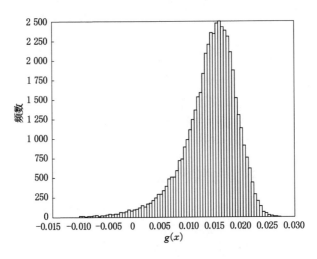

图 6-11 $g(x)$ 的频率分布直方图

图 6-12 所示的累积分布曲线反映了齿轮振动系统的失效概率。任一点纵坐标的数值等于数据出现在该点横坐标之下的概率，通过整体平移累计分布曲

线可以得到不同许用齿轮啮合传递误差波动值时的失效概率。

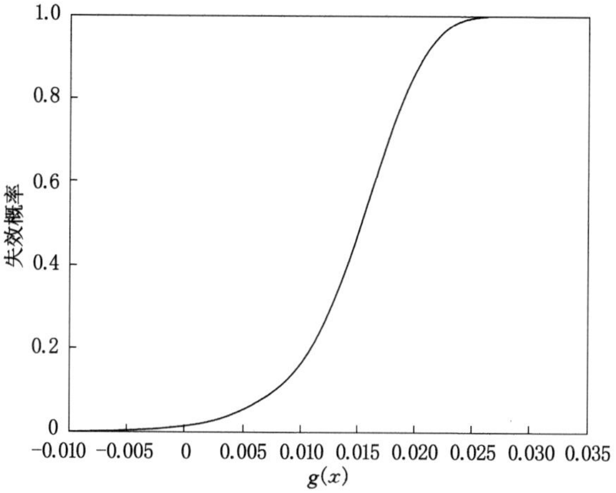

图 6-12 $g(x)$ 的累积分布函数曲线

利用所提出的 AK-SSIS 计算了齿轮间隙非线性振动系统的传递误差在给定波动幅值为 0.05 的失效概率,为了验证 AK-SSIS 算法的正确性和高效性,将 Monte Carlo 法 50 000 次的计算结果作为相对的"精确解",将其计算结果分别与 FORM 法、响应面＋MCMC 法及 AK-SSIS 算法进行对比,各方法计算结果见表 6-8。

表 6-8   不同方法计算结果的比较

方法	N_{call}	P_f	$\hat{\delta_{P_f}}$	ε	t_{CPU}/s
Monte Carlo 法	5×10^4	1.395×10^{-2}	0.037 6	—	3.63×10^5
FORM 法	45	4.339×10^{-4}	—	0.968 9	4.73×10^2
响应面＋MCMC 法	117	1.068×10^{-2}	—	0.234 4	1.14×10^3
AK-SSIS 法 (本书所提出的算法)	354(100＋254)	1.390×10^{-2}	0.036 6	0.003 74	2.57×10^3

由表 6-8 中 FORM 法的计算结果可以发现,由于本应用算例中齿轮间隙非线性振动响应为隐式函数,采用经典的 FORM 法已经无法满足精度要求,其相对误差太大。从响应面＋MCMC 法可以看出,由于在响应面法的基础之上引入 MCMC 抽样,其计算精度相比于 FORM 法有所提高,基本解决了由于隐式函数

引起的计算精度的问题,但是由于响应面法自身的局限性,其可靠度计算精度还是相对低一些,对于要求较高的场合,此方法还不能满足。从表 6-8 中可以发现,AK-SSIS 计算结果与通过 Monte Carlo 法得到的失效概率基本相同,而且仅仅需要 354 次调用 Runge-Kutta 数值计算隐式功能函数,就可以求得较为精确的失效概率,而且达到了 5×10^4 次 Monte Carlo 法模拟几乎相同的变异系数程度,证明了 AK-SSIS 算法的精确性。同时可以看出,运用 AK-SSIS 方法模拟功能函数来计算失效概率仅仅用了 0.714 h 的时间(2.57×10^3 s/3 600＝0.714 h),而运用 Monte Carlo 法数值求解振动方程的功能函数响应来计算失效概率需要用 4 d 多(3.63×10^5 s/3 600/24＝4.2 d)的时间,从而说明 AK-SSIS 算法在齿轮非线性振动隐式功能函数问题的可靠度计算上的优势,证明了所提出的 AK-SSIS 算法的高效性。

6.8　本章小结

(1) 针对目前代理模型与可靠性相结合的方法存在的问题,提出了一种基于 Kriging 模型和子集模拟的可靠度计算方法。该方法通过对生成的样本点进行较为精确的分类,用于模拟估计系统的失效概率,计算精度较高。该方法尤其适用于求解隐式功能函数计算量大的问题,可以显著减少结构分析的次数,同时该方法还能够进行小失效概率和多维等问题的可靠性分析。

(2) 通过算例表明:① 由于采用学习函数选点,使得 Kriging 预测模型充分发挥了其自身的随机特性,不需要人为地进行试验设计,全部由算法本身主动选点,极大地提高了拟合精度,从而可提高可靠度的计算精度;② 由于采用了所提出的改进迭代停止条件,在满足符号正确性概率下使得总抽样点量最小,提高了样本利用效率;③ 相比于其他代理模型,如多项式响应面法、神经网络法等方法,所提出的 AK-SSIS 算法计算效率更高、收敛速度更快、计算结果更加精确。

(3) 将所提出的 AK-SSIS 算法应用于齿轮振动可靠性分析中,计算该齿轮系统的振动可靠度,通过不同方法的比较,证明了 AK-SSIS 算法在解决非线性齿轮振动问题的可靠度计算上的高效性和精确性,为齿轮系统的振动可靠性设计与优化提供参考。

第 7 章 基于过程超越理论的齿轮 随机振动可靠性分析

7.1 概述

齿轮动态啮合过程中,系统各参数变量会随时间的变化受到外界的扰动,从而产生动态的随机振动系统。研究表明,当齿轮系统的参数发生改变时,会导致系统由周期响应进入到一种混乱、无序、非周期的状态,即混沌振动状态。各随机参数扰动同样影响系统响应的分岔、混沌,从而影响齿轮系统的振动与噪声。仅采用确定性参数模型进行分析,来判断这种无序的混沌振动特性,已经不能够满足工程上的要求,只有在系统变异性很小时,确定性分析才能给出较为符合实际的结果。为了判断或避免齿轮传动系统随机混沌振动,更加精确地预测系统的振动可靠性,必须考虑各类参数的随机过程特性。

在第 6 章中已经介绍了采用 Kriging 模型与可靠性相结合的方法来解决齿轮振动可靠性的问题,这样的分析方法是建立在不考虑齿轮动态啮合过程中各参数量的随机过程的基础上的。然而,这样的做法,会对振动可靠性预计造成一定的偏差甚至得到错误的结果。

基于此,本章针对齿轮间隙非线性弯扭随机振动系统开展随机振动可靠性的方法研究,首先,考虑齿轮动态啮合过程中参数的随机过程特性,建立齿轮非线性随机振动分析模型,模拟齿轮振动随机响应。其次,针对齿轮非线性随机振动的复杂性,以单位啮合周期内将啮合周期超越最大安全界限或最小安全界限作为失效准则,基于过程超越理论建立一种针对齿轮随机振动系统可靠性模型,推导了随机参数结构系统的振动响应可靠度的计算公式。最后,分别采用相平面图、Poincaré 截面图、分岔图和 Lyapunov 指数图等方法来分析各参数扰动对随机振动系统动态响应的影响,为控制或避免这种无规律的随机混沌振动特性研究提供参考。

7.2　随机过程基本理论

7.2.1　随机过程

如果对于每个时间 $t \in T$（T 是某个固定的时间域），$x(t)$ 都是一随机变量，则这样随机变量族 $[x(t), t \in T]$ 称为随机过程。如果 T 是离散时间域，则 $x(t)$ 是一随机时间序列。对于齿轮传动系统振动响应过程，就是时间序列。图 7-1 显示了在 t_1 时刻随机变量 $x(t_1)$ 的 n 个样本。

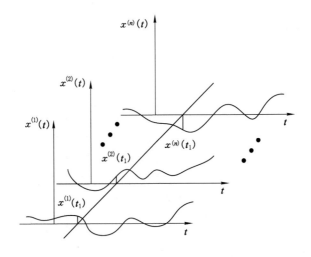

图 7-1　随机过程示意图

设 $[x(t), t \in T]$ 为一随机过程，定义随机过程的分布函数为：

$$F_{x(t)}(x; t) = P(x(t) \leqslant x) \tag{7-1}$$

7.2.2　随机过程的数字特征

随机过程 $x(t)$ 的各个样本在固定时刻 t 取值进行集合平均，得到随机过程的数学期望：

$$E[x(t)] = \mu_x(t) = \int_{-\infty}^{\infty} x f(x; t) \mathrm{d}x \tag{7-2}$$

式中，$f(x, t)$ 为 $x(t)$ 的概率密度函数。

而随机过程 $x(t)$ 的方差则为：

$$\sigma_x^2(t) = E[(x(t) - \mu_x(t))2] = E[x(t)^2] - \mu_x^2(t)$$

$$= \int_{-\infty}^{\infty} \left[x(t) - \mu(t) \right]^2 f(x;t) \mathrm{d}x \tag{7-3}$$

为了研究一个随机过程 $x(t)$ 在两个不同时刻的关系,即随机变量 $x(t_1)$、$x(t_2)$ 的相互依赖关系,定义它的自相关函数为:

$$R_{xx}(t_1,t_2) = E[x(t_1)x(t_2)] = \int_{-\infty}^{\infty} \int_{-\infty}^{\infty} x_1 x_2 f(x_1,t_1;x_2,t_2) \mathrm{d}x_1 \mathrm{d}x_2 \tag{7-4}$$

7.2.3　平稳随机过程

随机过程可分为两大类:一类是平稳随机过程,另一类是非平稳随机过程。如果随机过程 $x(t)$ 满足下列两个条件:随机过程的数学期望等于常数,且自相关函数仅仅是时间间隔的函数,如下式所示,则称为是广义(或弱)平稳随机过程。

$$E[x(t)] = E[x(0)] = c$$
$$R_{xx}(t_1,t_2) = E[x(t_1)x(t_2)] = R_{xx}(t_2 - t_1) \tag{7-5}$$

一般在工程技术问题中的平稳过程是指弱平稳过程。如果平稳随机过程的期望值和自相关函数可以由它的任意一个样本函数的相应时间均值代替,则这个平稳过程称为各态历经过程。各态历经过程的物理意义是,平稳过程有足够长的样本记录,包含了关于这个随机过程的全部统计信息。各态历经过程一定是平稳过程,但其逆不真。

高斯随机过程是最常用的随机过程之一,具有下列重要性质:

(1)高斯随机过程是严格平稳的,统计特性完全由均值和自相关函数确定;

(2)高斯随机过程具有各态历经性;

(3)线性变换时高斯性质保持不变,高斯过程的积分和微分还是高斯过程。

将随机变量的中心极限定理推广到随机过程,可知当一个随机过程在每一时刻均为大量的、独立的、均匀小的随机效应之和时,可以认为是高斯随机过程。

7.2.4　随机参数振动与随机过程

工程系统中不确定性是不可避免的,用传统的确定性方法很难正确地处理。当充分认识到实际工程中的不确定因素后,人们开始采用概率的方法来模拟和分析这些不确定因素,20 世纪 50 年代以来,概率论开始被更多地引入工程领域处理各种振动问题。考虑荷载与结构的随机性,结构概率分析中一般有三种模型:随机荷载作用于确定性结构,确定荷载作用于随机结构,随机荷载作用于随机结构。为了研究齿轮结构参数的随机性对振动响应的影响,本书将齿轮随机振动过程视为随机荷载作用于随机结构时的随机参数振动问题。

有许多随时间变化的量 $x(t)$，如结构振动的振幅，如果在一定条件下，对任何给定的时间 t，振幅 $x(t)$ 有一确定的值，则 $x(t)$ 称为确定函数。如果结构的参数是随机的，对任何给定的时间 t，振幅 $x(t)$ 的值就是一个随机变量，则显然 $x(t)$ 为一随机过程。虽然要对未来某一时刻的振幅作出确定的预言是不可能的。但如果有了随机参数的统计特性，便可用随机过程和振动理论的方法算出随机响应的重要统计特性。

很显然，齿轮传动系统振动的结构随机振动可靠性问题，属于在随机动力载荷与随机结构参数共同作用下，其系统的响应为一随机过程，研究系统在给定的一段时间内不发生破坏或失效的概率，即为本章所要达到的目的。

和确定性振动问题一样，随机振动问题也是通过求解随机微分方程解决的。近 30 年来，随机微分方程的理论和应用有了迅速发展，内容十分丰富。根据问题的物理起源和数学特点，有三大类随机微分方程。最简单的一类只有初始条件是随机的，如在空间弹道问题分析中会出现这一类方程。第二类是随机元素只出现在方程的非齐次项或输入项，即随机载荷情况。第三类是指在方程的左边具有随机系数的微分方程，即随机参数方程。这类方程的研究是最近才开始的，其应用包括非均匀介质中波的传播和工程中随机结构系统的动力学。

7.3　随机参数振动的数值模拟

对于非线性随机振动分析，最有效的方法就是数值积分方法[178]。所以非线性随机参数振动的数值模拟是以数值积分为基础的。其基本原理就是将随机参数在不同时刻进行抽样并沿着时间轴排列转换为时域样本。在进行求解时，只需将随机参数的时域样本输入系统，通过数值积分即可获得系统响应的时间历程，在各态历经的假设下，就可以模拟一段足够长的时间响应历程来代表整个响应的随机过程。

7.3.1　非线性系统数值逐步积分法

本章采用逐步积分方法求解系统动力学方程，以得到系统的时域解。逐步积分法是指在给定系统方程初始位移、速度后，假设每一时间步长开始时的动力平衡条件已建立，并以此为基点，重新给定系统的随机参数，然后逐步求得 t_0，t_1，$\cdots$，t_n 时刻的系统动力响应。当 t 取到足够长时，就可以认为已经把随机参数的概率特征反映在系统的随机振动响应中[179]。逐步积分方法有多种形式，目前运用较为广泛的有线性加速度法、Runge-Kutta 法、Newmark-β 法和 Wilson-θ 法等。本章采用 Runge-Kutta 法进行系统动力微分方程的逐步积分。

系统参数变量随时间的变化会受外界的扰动,产生动态的随机振动系统。为了模拟齿轮的这种随机振动,将随机参数等效作为一个确定量与扰动量的合成,如激振频率可等效为 $\omega_m+\omega_{m\Delta}$,其中 ω_m 为激振频率的确定量,$\omega_{m\Delta}$ 为激振频率的扰动量,在各个时间段内均为独立的随机变量,即将其视为高斯随机过程。因此,要研究齿轮随机参数振动,可在齿轮非线性振动微分方程基础之上,将影响振动响应程度较为重要的参数扰动量加入微分方程中,建立齿轮随机振动模型,然后通过 Runge-Kutta 差分法在各个时间段内进行求解计算,得到随机系统振动响应。下面阐述齿轮非线性随机参数振动的数值模拟方法。

以三自由度弯扭耦合动力学模型式(6-59)为例,考虑齿轮振动方程中的无量纲参数 ξ_m、b_m 及 ω_m 的随机过程特性,将各随机过程量加入微分方程组(6-59)中,静传递误差取到一阶分量,则齿轮非线性随机参数振动模型可表示为:

$$\begin{cases}
\dot{y}_1 = y_2 \\
\dot{y}_2 = -2\xi_p\dfrac{dy_p}{dt}-2\xi_{mp}\dfrac{dy}{dt}-k_{11}f_p(y_p)-k_{13}f_m(y) \\
\dot{y}_3 = y_4 \\
\dot{y}_4 = -2\xi_g\dfrac{dy_g}{dt}+2\xi_{mg}\dfrac{dy}{dt}-k_{22}f_g(y_g)+k_{23}f_m(y) \\
\dot{y}_5 = y_6 \\
\dot{y}_6 = F-(\omega_m+\omega_{m\Delta})^2\cdot\dfrac{e_1}{b}\sin[(\omega_m+\omega_{m\Delta})t]+\dot{y}_2-\dot{y}_4- \\
\qquad 2(\xi_m+\xi_{m\Delta})\dfrac{dy}{dt}-k_{33}f_m(y)
\end{cases} \tag{7-6}$$

式中,无量纲化的间隙非线性函数为:

$$f_m(x)=\begin{cases}
y(t)-(b_m+b_{m\Delta})/b & y(t)>(b_m+b_{m\Delta})/b \\
0 & -(b_m+b_{m\Delta})/b\leqslant y(t)\leqslant(b_m+b_{m\Delta})/b \\
y(t)+(b_m+b_{m\Delta})/b & y(t)<-(b_m+b_{m\Delta})/b
\end{cases}$$

$$\tag{7-7}$$

而 ξ_m、$\xi_{m\Delta}$ 分别为啮合阻尼比的确定量和随机过程量,ω_m、$\omega_{m\Delta}$ 分别为激振频率的确定量和随机过程量,b_m、$b_{m\Delta}$ 分别为齿侧间隙的确定量和随机过程量,其中,$\xi_{m\Delta}$、$\omega_{m\Delta}$、$b_{m\Delta}$ 等随机过程量类似于零均值的高斯白噪声[180]。

7.3.2　计算步骤

在不同时刻进行抽样并沿着时间轴排列转换为时域样本,在进行求解时,只需将随机参数的时域样本输入系统,通过数值积分即可获得系统响应的时间历程。基本步骤为：

(1) 确定基本随机变量和分布函数。

(2) 令 $t=0$，并给初始值 $x(0),\dot{x}(0)$。

(3) 对基本参数进行抽样。

(4) 由抽样结果建立确定性齿轮系统的动力学方程。

(5) 通过 Runge-Kutta 法，求解第(4)步骤建立的确定性动力学方程在 $[t,\Delta t+t]$ 时刻的位移、速度等振动响应。

(6) 如果齿轮计算的运转时间足够，停止数值模拟，输出计算结果；否则，转到步骤(3)，继续对基本参数循环抽样。

7.4 齿轮传动随机振动系统可靠度计算

7.4.1 超越失效跨越率的计算

基于超越分析的基本思想就是利用解析的或数值的方法直接求解振动响应的概率分布，然后针对随机响应过程，采用峰值超越作为失效准则来评价系统振动可靠度，无论是混沌响应、周期响应还是拟周期响应都可以基于超越分析的方法来计算振动可靠度，因此选用超越分析法来求解振动可靠性具有极好的优势[167]。

超越失效的跨越率是在首次超越失效(first excursion failure)模式中被首次提出来的[181]。在这种失效模式中，当一个确定的参数第一次超越了设定的水平值时则认为结构失效，如图 7-2 所示。例如，当位移或加速度超越门槛值 Z 的时候，认为结构失效。

随机过程 $x(t)$ 对某一界限的超越问题是动力学可靠性分析的基础。如图 7-2 所示，设 $x(t)$ 为一个弱平稳随机过程，作 $p=P(A)$ 的水平线平行于时间轴，可以认为在任意时刻发生超越事件是相互独立的。若将 $x(t)$ 在 $\mathrm{d}t$ 内以正斜率向上超越水平 Z 定义为事件 A，则 $A=\{x(t)$ 在 $(t,t+\mathrm{d}t)$ 时间内以正斜率向上超越水平 $Z\}$，其概率为：

$$p = P(A) \tag{7-8}$$

考虑在非常小的时间间隔内只跨越一次。因此在 $\mathrm{d}t$ 时间内的超越次数 $N_Z^+(\mathrm{d}t)$ 只可能是 1 或是 0。

$$P(N_Z^+(\mathrm{d}t) = 1) = p$$
$$P(N_Z^+(\mathrm{d}t) = 0) = 1 - p$$

则 $N_Z^+(\mathrm{d}t)$ 的期望值为：

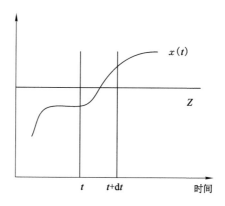

图 7-2　正斜率水平跨越

$$E\{N_Z^+(\mathrm{d}t)\} = p \times 1 + (1-p) \times 0 = p$$

假设在 $\mathrm{d}t$ 时间内的超越次数 $N_Z^+(\mathrm{d}t)$ 的期望值与时间间隔长度 $\mathrm{d}t$ 成比例，则其比例常数应为超越率 ν_Z^+。

$$E\{N_Z^+(\mathrm{d}t)\} = \nu_Z^+ \mathrm{d}t$$

则概率 p 为：

$$p = \nu_Z^+ \mathrm{d}t \tag{7-9}$$

A 事件发生需要 3 个条件：

(1) 在超越的起始 t 时刻，$x(t)<Z$；

(2) 在超越的起始 t 时刻，$\dot{x}(t)>0$；

(3) 在超越的结束 $t+\mathrm{d}t$ 时刻，$x(t+\mathrm{d}t)>Z$。

将 $x(t+\mathrm{d}t)$ 按泰勒级数展开得：

$$x(t+\mathrm{d}t) = x(t) + \dot{x}(t)\mathrm{d}t + \ddot{x}(t)\frac{\mathrm{d}t^2}{2!}! + \cdots \tag{7-10}$$

考虑泰勒级数的前两项，事件 $\{x(t+\mathrm{d}t)>Z\}$ 可以写成：

$$\{x(t)+\dot{x}(t)\mathrm{d}t > Z\} \text{或} \{x(t) > Z - \dot{x}(t)\mathrm{d}t\}$$

则概率：

$$
\begin{aligned}
P(A) = p &= \{(x(t)<Z) \bigcap (Z-\dot{x}(t)\mathrm{d}t < x(t)) \bigcap (\dot{x}(t)>0)\} \\
&= \{(Z-\dot{x}(t)\mathrm{d}t < x(t) < Z) \bigcap (\dot{x}(t)>0)\} \\
&= \int_0^\infty \int_{Z-\dot{x}\mathrm{d}t}^Z f_{x\dot{x}}(x,\dot{x},t)\mathrm{d}x\mathrm{d}\dot{x} \\
&= \int_0^\infty f_{x\dot{x}}(Z,\dot{x},t)\dot{x}\mathrm{d}\dot{x}\mathrm{d}t \tag{7-11}
\end{aligned}
$$

将式(7-11)代入式(7-9)得:

$$\nu_Z^+ = \int_0^\infty f_{x\dot{x}}(Z,\dot{x},t)\dot{x}\mathrm{d}\dot{x} \tag{7-12}$$

同理向下的超越率为:

$$\nu_Z^- = -\int_{-\infty}^0 f_{x\dot{x}}(Z,\dot{x},t)\dot{x}\mathrm{d}\dot{x} \tag{7-13}$$

当 $x(t)$ 是平稳随机过程时,$f_{x\dot{x}}(x,\dot{x},t) = f_{x\dot{x}}(x,\dot{x})$

则总的超越期望率为:

$$\nu_Z = \int_{-\infty}^{+\infty} f_{x\dot{x}}(Z,\dot{x})\mid\dot{x}\mid\mathrm{d}\dot{x} \tag{7-14}$$

设 $x(t)$ 是平稳正态随机过程,$x(t)$ 和 $\dot{x}(t)$ 是独立的,其联合概率密度函数为:

$$f_{x\dot{x}}(x,\dot{x}) = \frac{1}{2\pi\sigma_x\sigma_{\dot{x}}}\exp\left[-\frac{1}{2}\left(\frac{x^2}{\sigma_x^2} + \frac{\dot{x}^2}{\sigma_{\dot{x}}^2}\right)\right] \tag{7-15}$$

式(7-12)、式(7-13)、式(7-14)可以得到简化

$$\nu_Z^+ = \frac{\sigma_{\dot{x}}}{2\pi\sigma_x}\exp\left[-\frac{(Z-\bar{x})^2}{2\sigma_x^2}\right] \tag{7-16}$$

$$\nu_Z^- = \frac{\sigma_{\dot{x}}}{2\pi\sigma_x}\exp\left[-\frac{(Z+\bar{x})^2}{2\sigma_x^2}\right] \tag{7-17}$$

$$\nu_Z = \frac{\sigma_{\dot{x}}}{2\pi\sigma_x}\left\{\exp\left[-\frac{(Z-\bar{x})^2}{2\sigma_x^2}\right] + \exp\left[-\frac{(Z+\bar{x})^2}{2\sigma_x^2}\right]\right\} \tag{7-18}$$

7.4.2 齿轮传动系统振动可靠性的泊松过程法

7.4.2.1 基于过程跨越的泊松过程法

若直接从系统的随机振动响应统计值入手,得到结构振动响应超越某一界限的跨越次数,结构振动可靠性定义为周期 $[0,0]$ 内跨越次数为零的概率,这类方法最具代表性的是泊松过程法[181]。

假设每次超越都是独立的,超越次数 N 服从泊松分布则在 $(0,t)$ 时间内超越次数为 n 的概率为:

$$p_N(n,t) = \frac{(\nu t)^n e^{-\nu t}}{n!}, n \geqslant 0, t \geqslant 0 \tag{7-19}$$

式中,ν 代表了单位时间内发生超越的次数。

考虑泊松过程的特性可知,如果每次超越可以被认为是随机过程 $x(t)$ 以正斜率穿过 Z。因此,上超越率 ν_Z^+ 就等于参数 ν。则上超越次数 N_Z^+ 的概率密度

函数为：

$$p_{N_Z^+}(n,t) = \frac{(\nu_Z^+ t)^n \mathrm{e}^{-\nu_Z^+ t}}{n!}, n \geqslant 0, t \geqslant 0 \tag{7-20}$$

7.4.2.2　振动可靠性的定义与计算

齿轮振动可靠性与动力可靠性的首次超越失效不同，振幅的首次超越并不代表齿轮结构一定产生破坏失效。但是由于齿轮啮合带有周期性，在齿轮啮合周期内，若齿轮振动响应的振幅首次超越安全界限，则在各个周期内都会出现，若在一个啮合周期内齿轮系统产生过大的失效振幅，则该振幅在各啮合周期内都会出现，从而导致齿轮结构的疲劳失效。

因此，齿轮系统振动可靠性可定义为：系统在随机因素作用下，在齿轮啮合周期 $(0, T_D)$ 内随机振动响应 $x(t)$ 不超越最大安全界限 $Z_{\max}$ 且不低于最小安全界限 $Z_{\min}$ 的概率，即：

$$R = P(Z_{\min} \leqslant x(t) \leqslant Z_{\max}) = P(x(t) \leqslant Z_{\max}) \cdot P(x(t) \geqslant Z_{\min}) \tag{7-21}$$

其中，$Z_{\max} = \mu_x + Z_{\text{threshold}}$，$Z_{\max} = \mu_x + Z_{\text{threshold}}$；$\mu_x$ 为在稳定周期响应时随机响应的均值，$Z_{\text{threshold}}$ 为安全界限，它类似于动力可靠性分析中的最大临界值；$P(x(t) \leqslant Z_{\min})$ 和 $P(x(t) \geqslant Z_{\min})$ 分别为 $t < T_D$ 时间内以正斜率跨越次数为零的概率和以负斜率跨越次数为零的概率。

假设每次超越都是独立的，超越次数 N 服从泊松分布则在 $(0, t)$ 时间内超越次数为 n 的概率为：

$$p_N(n,t) = \frac{(\nu t)^n \mathrm{e}^{-\nu t}}{n!}, n \geqslant 0, t \geqslant 0 \tag{7-22}$$

式中，ν 代表了单位时间内发生超越的次数。

（1）$t < T_D$ 时间内以正斜率跨越次数为零的概率 $P(x(t) \leqslant Z_{\max})$

考虑泊松过程的特性，如果随机过程 $x(t)$ 每次超越以正斜率穿过 $Z_{\max}$，因此，上超越率 ν_Z^+ 就等于参数 ν。则上超越次数 N_Z^+ 的概率密度函数为：

$$p_{N_Z^+}(n,t) = \frac{(\nu_Z^+ t)^n \mathrm{e}^{-\nu_Z^+ t}}{n!}, n \geqslant 0, t \geqslant 0 \tag{7-23}$$

在 $t < T_D$ 时间内以正斜率跨越次数为零的概率，则：

$$P(x(t) \leqslant Z_{\max}) = p_{N_Z^+}(0, T_D) = \mathrm{e}^{-\nu_Z^+ T_D} \tag{7-24}$$

将式（7-16）代入式（7-24）得

$$P(x(t) \leqslant Z_{\max}) = \exp\left\{-\frac{\sigma_{\dot{x}} T_D}{2\pi\sigma_x} \exp\left[-\frac{(Z_{\max} - \bar{x})^2}{2\sigma_x^2}\right]\right\} \tag{7-25}$$

（2）$t < T_D$ 时间内以负斜率跨越次数为零的概率 $P(x(t) \geqslant Z_{\min})$

如果随机过程 $x(t)$ 每次超越以负斜率穿过 $Z_{\max}$，因此，上超越率 ν_Z^- 就等于参数 ν。则上超越次数 N_Z^- 的概率密度函数为：

$$p_{N_Z^-}(n,t) = \frac{(\nu_Z^- t)^n \mathrm{e}^{-\nu_Z^- t}}{n!}, n \geqslant 0, t \geqslant 0 \tag{7-26}$$

在 $t < T_D$ 时间内以正斜率跨越次数为零的概率，则：

$$P(x(t) \geqslant Z_{\min}) = p_{N_Z^-}(0, T_D) = \mathrm{e}^{-\nu_Z^- T_D} \tag{7-27}$$

将式(7-17)代入式(7-27)得：

$$P(x(t) \geqslant Z_{\min}) = \exp\left\{ -\frac{\sigma_{\dot{x}} T_D}{2\pi\sigma_x} \exp\left[-\frac{(Z_{\min} - \bar{x})^2}{2\sigma_x^2} \right] \right\} \tag{7-28}$$

7.4.3 计算实例

以一对啮合齿轮为例，齿轮参数见表 7-1，齿顶高系数 h_a^* 和顶隙系数 c^* 均取标准值，建立三自由度齿轮传动系统非线性动力学随机振动模型。将齿轮系统的无量纲参数 ξ_m、b_m 及 ω_m 视为随机过程特性参数，按照 7.3 节建立随机参数振动模型的方法，将各参数的随机过程量加入齿轮振动模型中，假定各参数的随机过程量均服从高斯过程分布，类似于零均值的高斯白噪声，其均值和标准差见表 7-2。

表 7-1　齿轮参数

名称	主动齿轮	从动齿轮
模数 m/mm	4	4
齿数 Z	20	30
压力角 α/(°)	20	20
齿宽 B/mm	16	16
杨氏模量 E/MPa	2.07×10^5	2.07×10^5
泊松比 ν	0.259	0.259
转矩 T/(N·mm)	50 000	75 000

表 7-2　各变量的均值和标准差

变量	$\xi_{m\Delta}$	$b_{m\Delta}$	$\omega_{m\Delta}$
分布类型	高斯	高斯	高斯
均值	0	0	0
标准差	0.02	0.01	0.01

在当前确定参数的工作状态下,齿轮振动微分方程中各参数值分别为:啮合阻尼比 $\xi_m = 0.05$、齿侧间隙 $b_m = 0.07$、激励频率 $\omega_m = 0.75$,其他无量纲参数分别为 $\xi_p = 0.01$,$\xi_g = 0.01$,$b_p = 0$,$b_g = 0$,$e_1 = 0.01$。在不考虑参数随机性时(即各扰动参数量均为0)齿轮啮合传递误差的响应,如图7-3所示。根据前面采用的数值模拟法来计算齿轮传动系统的动态传递误差随机响应,图7-4所示为考虑参数随机性时齿轮啮合传递误差的响应。

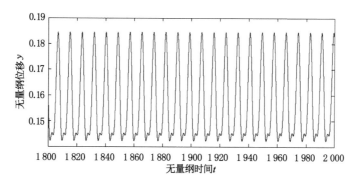

图7-3 不考虑参数随机性时齿轮系统振动响应时间历程图

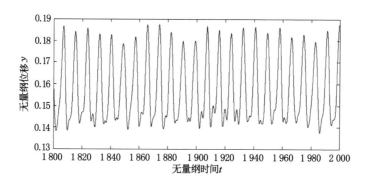

图7-4 考虑参数随机性时齿轮系统随机参数振动响应时间历程图

对比图7-3与图7-4可知,在未考虑参数随机性时系统响应为周期响应,由于各参数随机过程的影响,使得齿轮啮合传递误差的响应有所变化,呈现不规律的变化,也就是说,齿轮系统随机参数对啮合振动响应有一定的影响,从而影响系统的振动可靠性。

上述随机振动系统各参数下的系统响应,我们称之为"情况一"。对于情况一下的随机振动系统,采用如前所述方法,对齿轮随机振动响应进行可靠度计算,经统计与计算,随机参数振动响应的均值 $\mu_x = \bar{x} = 0.157\,45$,选取安全界限

$Z_{\text{threshold}}$ 为 0.05, 可得 $Z_{\max}=\mu_x+Z_{\text{threshold}}=0.207\,45$, $Z_{\min}=\mu_x-Z_{\text{threshold}}=0.107\,45$, 其他计算值为 $T_D=8.377\,5$, $\sigma_x=0.014\,922$, $\sigma_{\dot{x}}=0.012\,91$, 根据公式(7-21)可以得到可靠度 $R=0.991\,617\,1$。

在当前确定参数的工作状态下, 无量纲激振频率比 $\omega_{\text{m}}=1.55$ 时本身系统处于混沌振动状态, 由于随机过程的影响, 更容易引起齿轮非线性系统出现随机混沌振动状态。图 7-5 和图 7-6 分别为激振频率 $\omega_{\text{m}}=1.55$ 时未考虑随机过程和考虑随机过程的齿轮啮合传递误差时间历程曲线, 从图中可以清晰地看出, 由于参数随机过程的影响, 系统幅值较大, 且具有不可预测的随机性。

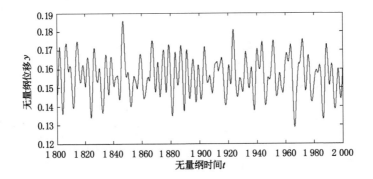

图 7-5　齿轮系统振动响应时间历程图

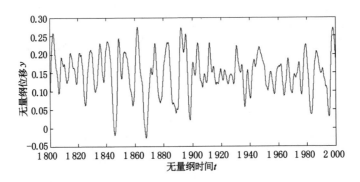

图 7-6　齿轮系统随机参数振动响应时间历程图

在上述所建立的齿轮随机振动系统除了无量纲激振频率比 $\omega_{\text{m}}=1.55$, 其他各参数均不变的情况下, 我们称之为"情况二"。对于情况二下的随机振动系统, 采用如前所述方法, 对齿轮随机振动响应进行可靠度计算, 经统计与计算, 随机参数振动响应的均值 $\mu_x=\bar{x}=0.148\,56$, 选取安全界限 $Z_{\text{threshold}}$ 为 0.05, 可得 $Z_{\max}=$

$\mu_x + Z_{\text{threshold}} = 0.198\ 56$，$Z_{\min} = \mu_x - Z_{\text{threshold}} = 0.049\ 77$，其他计算值为 $T_D = 4.053\ 7$，$\sigma_x = 0.056\ 51$，$\sigma_{\dot{x}} = 0.012\ 91$，根据公式(7-21)可以得到可靠度 $R = 0.463\ 809\ 8$。

表 7-3 展示了不同随机振动系统响应下的可靠度计算结果，从各可靠度计算结果的对比分析可以发现，对于情况一，即当齿轮系统处于周期运动状态时，随机过程对振动可靠性影响不大，扰动前后的系统可靠度几乎相同；然而对于情况二，即当系统处于混沌运动状态时，由于参数的随机过程性质，其系统可靠性由 $0.941\ 751\ 7$ 迅速下降为 $0.463\ 809\ 8$，也就是说混沌运动系统本身对参数的微小变动非常敏感，会导致振动响应的幅值扩大。混沌运动本身具有不可预测性和随机性，加之随机参数的扰动，系统响应必为随机的不可预测响应，这种对系统初始参数敏感的不可预测结果，与混沌理论分析吻合一致。因此，有必要研究参数随机过程对齿轮系统振动响应的影响，才能更好地进行控制和避免振动失效的发生。

表 7-3　不同随机振动系统的可靠度计算结果

系统类型	响应类型	可靠度	
		扰动前	扰动后
情况一	周期运动	0.991 198 2	0.991 617 1
情况二	混沌运动	0.941 751 7	0.463 809 8

7.5　本章小结

（1）通过数值逐步积分法把随机参数的概率特征反映在系统的随机响应中，建立了齿轮随机振动模型的数值模拟方法。并针对齿轮非线性随机振动的复杂性，以单位啮合周期内啮合周期超越最大安全界限或最小安全界限作为失效准则，基于过程超越理论，建立了齿轮传动系统振动可靠性模型，推导了随机参数结构系统的振动响应可靠度的计算公式，扩展了其应用范围。

（2）通过实例表明，齿轮随机参数振动系统在周期振动状态时，对系统可靠度的影响不大，而当系统处于混沌振动时，随机参数的扰动将极易出现失效振幅，系统振动可靠度将急剧下降。

第二篇
实例分析

第8章 行星齿轮传动系统 载荷分析与计算

在齿轮系中,如果至少一个齿轮的几何轴线的位置不固定,即至少具有一个作行星运动的齿轮,它一方面绕自身的几何轴线自转,同时其轴线又绕着固定的主轴线公转,称该齿轮传动为行星齿轮传动。在行星齿轮传动中,既作自转又作公转的齿轮称为行星轮。支承行星轮并使其得到公转的构件称为行星架,行星架绕之旋转的几何轴线称为主轴线。与行星轮相啮合,且其轴线与主轴线重合的齿轮称为中心轮,如太阳轮或内齿轮。

国内广泛采用将行星齿轮传动按其啮合方式的不同进行分类的方法,该方法通常采用的基本代号如下,N——内啮合、W——外啮合、G——同时与两个中心轮相啮合的公共齿轮。其中 NGW 型行星齿轮系结构如图 8-1 所示,它具有行星轮与内齿轮的内啮合形式,行星轮与太阳轮的外啮合形式,以及与两个中心轮同时啮合的行星轮,因此得名 NGW 型。对于这种类型的行星传动,在内齿轮固定的条件下,若太阳轮为输入构件,那么行星架便为输出构件;若行星架为输入构件,则太阳轮将作为输出构件。由于该种行星齿轮传动具有结构简单、制造容易、外形尺寸小、质量小、传动效率高等特点,获得了十分广泛的应用。在结构合理的条件下,其传动比范围为 2.8~13,传动效率可达到 0.97~0.99。

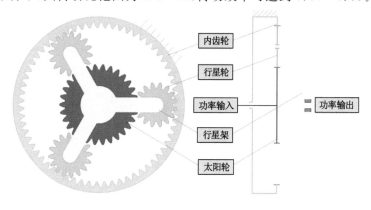

图 8-1 NGW 型行星齿轮系结构图

8.1　行星齿轮传动的优点

与普通定轴齿轮传动相比,行星齿轮传动具有许多优点,它的主要优点概括如下。

(1) 体积小,质量小,结构紧凑,承载能力大。在行星齿轮传动中,由于各个中心轮构成共轴线式的传动结构,且合理地应用了内齿轮本身的可容体积,因此行星齿轮系的整体结构可以非常紧凑,在承受相同载荷条件下,行星齿轮设备的外廓尺寸和质量约为普通齿轮设备的 $1/2 \sim 1/5$。结构小却没有降低它的承载能力,由于各个行星轮将功率分流,使齿轮系统中所有轮齿的载荷被有效地降低,加之内啮合形式的承载能力较大,因此在外形尺寸相同的条件下,行星齿轮传动的承载能力可以远远高于普通齿轮传动。

(2) 传动效率高。在行星齿轮系统中,将所有行星轮周向均布的装配形式会使中心轮上的径向力相互抵消,减小了功率损耗,有效地提高了传动效率。在传动类型选择恰当、结构布置合理的情况下,其效率值可高达 $0.97 \sim 0.99$[183]。

(3) 传动比大,可以实现运动的合成与分解。只要适当地选择行星齿轮传动的类型以及配齿方案,便可以利用少量的齿轮获得较大的传动比。在仅作为传递运动的行星齿轮机构中,其传动比可高达上千[184]。应该指出,行星齿轮传动在其传动比很大时,仍然可保持结构紧凑、质量小和体积小等许多优点。除此之外,它还可以实现运动的合成与分解以及各种复杂的变速运动。

(4) 运行平稳,抗冲击和振动的能力较强。由于行星齿轮系统中采用了 n_P 个结构参数相同的行星轮,它们均匀地分布于中心轮的周围,从而使它们的惯性力相互平衡。另一方面,传动过程中同时参与啮合的齿数较多,故行星齿轮传动的运行平稳,抵抗冲击和振动的能力较强,服役可靠性较高。

总之,行星齿轮传动具有质量小、体积小、传动比大、传动效率高和承载能力强等突出的优点,因此被广泛应用于工程机械、矿山机械、冶金机械、起重运输机械、轻工机械、石油化工机械、精密仪器和仪表等各个方面。行星传动不仅适用于高转速、大功率,而且在低转速、大转矩的条件下也得到了广泛应用。目前行星传动技术已经成为各国机械传动发展的重点之一。

8.2　行星齿轮传动的发展方向

随着行星齿轮传动技术的迅速发展,目前,高速渐开线行星齿轮传动装置所能传递的功率已高达 20 MW,输出转矩已到 4.5×10^6 Nm,它的主要发展方向可以概括如下。

（1）标准化、多品种。目前已经有 50 多个渐开线行星齿轮传动系列设计，而且还演化出多种形式的行星减速器、差速器和变速器等产品。

（2）高转速、大功率。行星齿轮传动机构在高速传动中，如在高速汽轮机中已经获得了广泛应用，其传动功率也越来越大[185]。

（3）硬齿面、高精度。行星传动机构中的齿轮广泛采用渗碳和氮化等化学热处理，齿轮的制造精度一般都在 6 级以上[186]。显然，采用硬齿面和高精度有利于进一步提高齿轮的承载能力，同时使齿轮的尺寸变得更小。

（4）大规格、大转矩。在中、低速的重载传动中，传递大转矩的大规格行星齿轮传动机构已经有了较大发展。

行星齿轮传动的主要缺点是，对材料要求苛刻、结构复杂、制造和装配比较困难。但随着我国对行星传动技术的深入了解以及对国外技术的引进和吸收，已使其传动性能和均载方式都得到完善，生产工艺水平不断提高。实践表明，在具有中等技术水平的齿轮加工厂中是完全可以制造出性能优良的行星传动减速器的。

8.3　行星齿轮传动的偏载计算

在行星传动中，当各个行星轮上分到的载荷不相等时，行星齿轮系便处于偏载状态。人们曾使用各种手段来消除偏载，从而充分发挥行星传动的优越性，但由于系统中各个构件存在着不可避免的制造与装配误差以及受力状态下构件的弹性变形等因素的影响，各个行星轮的受载实际上是不相等的。随着制造精度的提高、均载机构的合理采用，行星轮间的偏载程度会大幅度降低，但仍会或多或少地存在着偏载问题，故在强度计算与可靠性设计过程中，行星齿轮系的偏载问题应该得到充分重视。行星轮间的偏载程度可以用偏载系数来描述：

$$K_P = \frac{F_{max}}{F_{ave}} \tag{8-1}$$

式中，F_{max} 为各行星轮中承受的最大载荷（功率或扭矩）；F_{ave} 为各行星轮承受的平均载荷。

K_P 值在齿面接触强度计算中以 K_{HP} 表示，在轮齿弯曲强度计算中以 K_{FP} 表示，两者的近似关系为：

$$K_{FP} = 1 + 1.5(K_{HP} - 1) \tag{8-2}$$

K_P 值在很大程度上取决于传动构件的制造精度、传动载荷的大小、支承构件的刚度、齿轮材料和齿面硬度、工作齿面的跑合状态、轮齿的啮合速度、行星轮数目以及均载机构的性能等。提高制造精度、增加传动载荷、使工作齿面得到良好的跑合等都会使 K_P 值降低；反之，随着轮齿啮合速度的提高、行星轮数目的增加等都会使 K_P 值升高。

8.4 齿轮联轴器

提高齿轮和其他主要构件的制造与装配精度可以改善行星齿轮系的载荷分配状态，然而，这样得到的传动系统是一种静不定的完全刚性系统，制造成本会随着精度的提高而显著增加，同时又为装配增加了难度。为了优化行星齿轮系的均载状态，在保证各零部件具有足够高的制造精度的前提下，可以在设计上进一步采用均载机构，它能够补偿构件由于制造与装配误差以及在惯性力、摩擦力和高温等载荷下引起的变形，对这种机构的合理使用也是实现均载的既简单又有效的途径，它不但可以优化行星齿轮系的载荷状态，还可以降低噪声、减小冲击、提高传动系统的运行平稳性和可靠性。

在 NGW 型行星传动中，齿轮联轴器被认为是均载效果好、制造与装配都十分方便的均载机构，目前已被广泛应用于各种中、低速行星传动中。图 8-2 所示为一个双联齿轮联轴器，它将太阳轮与高速轴相连接来实现太阳轮的浮动。同时，采用齿轮联轴器还可以将太阳轮、内齿轮和行星架等基本构件单独浮动或组合浮动，使它们拥有径向和轴向移动的自由度，当偏载发生时可以自由调整状态，从而达到各个行星轮均匀分担载荷的目的，同时还可以改善齿面载荷的分布状况。

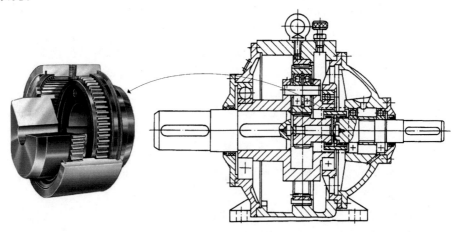

图 8-2 双联齿轮联轴器

（1）太阳轮浮动。采用齿轮联轴器实现太阳轮浮动一般可以获得较好的均载效果。由于太阳轮质量较小，因此其惯性力较小，较小的惯性力会使浮动十分灵活。当 $n_p=3$ 时均载效果最为显著，一般偏载系数可以达到 $K_P=1.1\sim1.15$。

（2）内齿轮浮动。采用齿轮联轴器可以将内齿轮与箱体连接实现内齿轮的浮动。内齿轮浮动的主要优点是可以减小减速器的轴向尺寸；但它的缺点是均载装置的尺寸和质量较大，浮动灵敏性受到限制，且加工与装配都比较困难。这种浮动形式的均载效果不如太阳轮浮动的好，它比较适合于多级行星传动中的组合浮动，一般内齿轮浮动的偏载系数 $K_P=1.1\sim1.2$[187]。

（3）行星架浮动。行星架要承受来自太阳轮和内齿轮同时作用于行星轮上的双重切向力，较大的受力状态可以提高它的浮动灵敏性。同时，行星架浮动对支承要求并不苛刻，对于多级行星传动来说这种浮动形式可以有效地简化结构。但行星架的质量相对较大，在高速旋转状态下将产生较大的离心力从而影响了浮动的效果。因此一般将行星架浮动用于中、小规格的中、低速行星传动中，它的偏载系数一般可达 $K_P=1.15\sim1.25$。

（4）组合浮动。使用齿轮联轴器不仅可以将太阳轮、内齿轮和行星架等基本构件单独浮动，还可以将它们组合浮动来提高均载效果。其中，将太阳轮和行星架同时浮动的均载配置常用于多级行星传动中，偏载系数可达 $K_P=1.05\sim1.20$；将太阳轮和内齿轮同时浮动的配置主要用于高速行星传动中，偏载系数一般为 $K_P=1.05\sim1.15$。

8.5 均载机构的选择原则

在行星齿轮传动中，均载方法与机构的选择不仅会影响到行星轮间载荷均匀分配的效果、载荷沿齿宽方向均匀分布的程度，还会影响到传动系统的承载能力、服役寿命与可靠性、制造与装配的难易程度等。选择不佳会导致构件上产生应力集中、传动系统运行不平稳，甚至会出现明显的振动、冲击和噪声，从而使行星传动的优点无法充分地发挥出来。因此，均载方法和机构的选择应遵循以下基本原则。

（1）均载机构应使传动结构尽可能实现空间静定状态，能以最小的位移量补偿制造与装配误差、构件的弹性变形等。

（2）均载机构的质量和体积要小，以减小离心力的影响。同时受力要大，从而使浮动灵敏、准确。

（3）均载机构的摩擦损失要小，以保证较高的传动效率。同时应具有一定的缓冲和减振性能。

（4）特别是在多级行星传动中，均载机构的布置应使整体结构简单，便于制造、装配与维护。

均载机构虽然能补偿传动过程中的多种误差，但这种补偿不能代替传动系统必要的制造与装配精度，过低的精度会降低均载效果，引起振动与噪声，严重时会导致传动的失效。总之，均载机构的选择和设计应使传动系统的整体结构简单、具有良好的服役可靠性和运行平稳性、较高的承载能力和传动效率以及较低的生产和维护成本。

8.6　行星齿轮传动的运动学计算

在行星齿轮传动中，各个转动构件之间具有十分复杂的相对运动关系，为了在分析中反映出齿轮随时间的变构特性，需要根据它们的相对运动关系计算出相同时间内各个轮齿参与啮合的次数，这就需要对行星齿轮传动进行详细的运动学分析，建立其运动学方程。

在定轴齿轮传动中，输入齿轮的角速度 ω_A 与输出齿轮的角速度 ω_B 之比值，称为齿轮传动的传动比，用符号 i_{AB} 表示。因为在平面轮系中齿轮的旋转具有正和反两个方向，所以齿轮传动的传动比计算不仅要确定其数值的大小，而且还要确定输入、输出齿轮旋转方向的异同。对于外啮合齿轮副，两轮的旋转方向相反，故其传动比为负值；而对于内啮合齿轮副，两轮的旋转方向相同，故其传动比为正值。

对于由圆柱齿轮组成的定轴轮系，它的传动比等于其输入齿轮的角速度与输出齿轮的角速度之比，或等于各个齿轮副中所有从动轮齿数的乘积与所有主动轮齿数的乘积之比，即定轴轮系的传动比计算公式为：

$$i_{AB} = \frac{\omega_A}{\omega_B} = (-1)^n \frac{\text{所有从动轮齿数的乘积}}{\text{所有主动轮齿数的乘积}} \qquad (8\text{-}3)$$

式中，n 为外啮合齿轮副的数量。

由此可见，若传动比 i_{AB} 为正值，则表示输出齿轮 B 与输入齿轮 A 的旋转方向相同；若 i_{AB} 为负值，则表示齿轮 B 与 A 的旋转方向相反。

为了计算行星齿轮传动中各个构件之间的运动关系，先来定义一些基本概念。在行星传动中，假设构件 A、B 和 C 的角速度分别为 ω_A、ω_B 和 ω_C，则定义相对传动比为 i_{AB}^C，它表示构件 A 相对于构件 C 的相对角速度与构件 B 相对于构件 C 的相对角速度之比值，即：

$$i_{AB}^C = \frac{\omega_A - \omega_C}{\omega_B - \omega_C} \qquad (8\text{-}4)$$

将太阳轮、行星轮、内齿轮和行星架分别用 S、P、R 和 C 表示,对于 NGW 型内齿轮固定的行星齿轮传动来说,$\omega_R=0$,则得其相对传动比为 $i_{SC}^R=\dfrac{\omega_S}{\omega_C}$(S 输入,C 输出),或 $i_{CS}^R=\dfrac{\omega_C}{\omega_S}$(C 输入,S 输出)。

如果行星架 C 固定,则相对传动比 $i_{SR}^C=\dfrac{\omega_S}{\omega_R}$ 就是准行星齿轮传动(定轴传动)的传动比,也可简写为 i^C。显然,行星架 C 固定时的传动比 i^C 可根据定轴轮系的传动比计算公式(8-3)来确定。对于 NGW 型行星架固定的行星齿轮传动来说,其相对传动比可表示为:

$$i_{SR}^C=\frac{\omega_S-\omega_C}{\omega_R-\omega_C}=-\frac{z_R}{z_S}=-p \tag{8-5}$$

式中,p 为内齿轮 R 与太阳轮 S 的齿数比,即 $p=\dfrac{z_R}{z_S}$,称为 NGW 型行星齿轮传动的特性参数,负号表示两个齿轮的旋转方向相反。

在行星齿轮传动中,由于行星轮是绕着可动轴线运动的,它既有自转,又有公转,所以行星齿轮系的传动关系不能直接应用定轴轮系的传动比公式(9-3)计算。但行星架 C 固定时的传动比 i^C 可根据式(9-3)来确定,由此我们可以确定各个构件的运动与 p 的关系。

先来讨论一下行星齿轮传动中各个构件之间的普遍运动关系式。同样假设行星齿轮传动中构件 A、B 和 C 的角速度分别为 ω_A、ω_B 和 ω_C,根据相对传动比的定义,构件 A 和 B 相对于构件 C 的角速度之比为:

$$\frac{\omega_A-\omega_C}{\omega_B-\omega_C}=i_{AB}^C \tag{8-6}$$

同上,构件 A 和 C 相对于构件 B 的角速度之比为:

$$\frac{\omega_A-\omega_B}{\omega_C-\omega_B}=i_{AC}^B \tag{8-7}$$

将式(8-6)和式(8-7)的等号两边相加得:

$$i_{AC}^B+i_{AB}^C=1 \tag{8-8}$$

通过移项可得行星齿轮传动的运动学普遍关系式:

$$i_{AC}^B=1-i_{AB}^C \tag{8-9}$$

这个等式的变化规律是,等号左边 i 的第一个下角标 A 不变,将其上角标 B 与其第二个下角标 C 互换位置,就得到了等号右边 i 的角标。

根据相对传动比 $i_{AB}^C=\dfrac{\omega_A-\omega_C}{\omega_B-\omega_C}$ 有 $\omega_A=i_{AB}^C\omega_B+(1-i_{AB}^C)\omega_C$,再根据式(8-9)可得:

$$\omega_{\mathrm{A}} = i_{\mathrm{AB}}^{\mathrm{C}}\omega_{\mathrm{B}} + i_{\mathrm{AC}}^{\mathrm{B}}\omega_{\mathrm{C}} \tag{8-10}$$

由式(8-10)可知,在行星齿轮传动的三个构件中,若知道了其中两个构件的角速度 ω_{B} 和 ω_{C} 以及相对传动比 $i_{\mathrm{AB}}^{\mathrm{C}}$ 和 $i_{\mathrm{AC}}^{\mathrm{B}}$,则可以确定另一个构件的角速度 ω_{A}。式(8-10)的变化规律为,若等号左边的角速度 ω_{A} 为待求值,那么等号右边第一个 i 的第一个下角标与所求角速度 ω_{A} 的下角标相同,其第二个下角标与该项所乘的角速度 ω_{B} 的下角标相同,i 的上角标则为第三个构件的代号 C,即等号右边第一项为 $i_{\mathrm{AB}}^{\mathrm{C}}\omega_{\mathrm{B}}$。等号右边第二个 i 的角标的构成方法可类似得到,即为 $i_{\mathrm{AC}}^{\mathrm{B}}$。

在 NGW 型行星齿轮传动中,设太阳轮 S、行星轮 P、行星架 C 和内齿轮 R 的绝对角速度分别为 ω_{S}、ω_{P}、ω_{C} 和 ω_{R},根据式(8-10)可以得到它们的角速度关系式

$$\begin{cases} \omega_{\mathrm{S}} = i_{\mathrm{SR}}^{\mathrm{C}} \cdot \omega_{\mathrm{R}} + i_{\mathrm{SC}}^{\mathrm{R}} \cdot \omega_{\mathrm{C}} \\ \omega_{\mathrm{R}} = i_{\mathrm{RS}}^{\mathrm{C}} \cdot \omega_{\mathrm{S}} + i_{\mathrm{RC}}^{\mathrm{S}} \cdot \omega_{\mathrm{C}} \\ \omega_{\mathrm{C}} = i_{\mathrm{CS}}^{\mathrm{R}} \cdot \omega_{\mathrm{S}} + i_{\mathrm{CR}}^{\mathrm{S}} \cdot \omega_{\mathrm{R}} \\ \omega_{\mathrm{P}} = i_{\mathrm{PC}}^{\mathrm{R}} \cdot \omega_{\mathrm{C}} + i_{\mathrm{PR}}^{\mathrm{C}} \cdot \omega_{\mathrm{R}} \end{cases} \tag{8-11}$$

又根据 $i_{\mathrm{SR}}^{\mathrm{C}} = -\dfrac{z_{\mathrm{R}}}{z_{\mathrm{S}}} = -p$ 和 $i_{\mathrm{RS}}^{\mathrm{C}} = \dfrac{1}{i_{\mathrm{SR}}^{\mathrm{C}}} = -\dfrac{1}{p}$ 可得到如下常用的关系式:

$$\begin{cases} i_{\mathrm{SC}}^{\mathrm{R}} = 1 - i_{\mathrm{SR}}^{\mathrm{C}} = 1 + p \\ i_{\mathrm{CS}}^{\mathrm{R}} = \dfrac{1}{i_{\mathrm{SC}}^{\mathrm{R}}} = \dfrac{1}{1+p} \\ i_{\mathrm{RC}}^{\mathrm{S}} = 1 - i_{\mathrm{RS}}^{\mathrm{C}} = \dfrac{1+p}{p} \\ i_{\mathrm{CR}}^{\mathrm{S}} = \dfrac{1}{i_{\mathrm{RC}}^{\mathrm{S}}} = \dfrac{p}{1+p} \end{cases} \tag{8-12}$$

因为行星轮的齿数 $z_{\mathrm{P}} = \dfrac{z_{\mathrm{R}} - z_{\mathrm{S}}}{2}$,因此有:

$$\begin{cases} i_{\mathrm{PR}}^{\mathrm{C}} = \dfrac{z_{\mathrm{R}}}{z_{\mathrm{P}}} = \dfrac{2p}{p-1} \\ i_{\mathrm{PC}}^{\mathrm{R}} = 1 - i_{\mathrm{PR}}^{\mathrm{C}} = \dfrac{1+p}{1-p} \end{cases} \tag{8-13}$$

最终可以得到 NGW 型行星齿轮传动的运动学方程式:

$$\begin{cases} \omega_{\mathrm{S}} + p\omega_{\mathrm{R}} - (1+p)\omega_{\mathrm{C}} = 0 \\ \omega_{\mathrm{R}} + \dfrac{1}{p}\omega_{\mathrm{S}} - \dfrac{(1+p)}{p}\omega_{\mathrm{C}} = 0 \\ \omega_{\mathrm{C}} - \dfrac{1}{1+p}\omega_{\mathrm{S}} - \dfrac{p}{1+p}\omega_{\mathrm{R}} = 0 \\ \omega_{\mathrm{P}} - \dfrac{1+p}{1-p}\omega_{\mathrm{C}} + \dfrac{2p}{1-p}\omega_{\mathrm{R}} = 0 \end{cases} \tag{8-14}$$

对于内齿轮固定的 NGW 型行星传动,利用式(8-14)可以根据输入构件的转速求得系统中其他构件的转速;另外,如果知道了输入构件和固定构件,也可求出行星齿轮传动的传动比,现假设内齿轮 R 固定,即有 $\omega_R = 0$,则由式(8-14)可得:

$$\omega_S = (1 + p)\omega_C \tag{8-15}$$

当太阳轮 S 输入时,则得该行星传动的传动比为:

$$i_{SC}^R = \frac{\omega_S}{\omega_C} = 1 + p \tag{8-16}$$

当行星架 C 输入时,则得其传动比为:

$$i_{CS}^R = \frac{\omega_C}{\omega_S} = \frac{1}{1 + p} \tag{8-17}$$

8.7　本章小结

本章论述了行星齿轮传动的优点、发展方向、偏载计算方法以及均载机构及其选用原则,推导了行星齿轮传动的运动学方程,为行星齿轮传动系统的可靠性预测研究提供了理论基础。

(1) 行星齿轮传动具有质量小、体积小、传动比大、传动效率高和承载能力强等突出的优点,因此被广泛应用于工程机械、矿山机械、冶金机械、起重运输机械、轻工机械、石油化工机械、精密仪器和仪表等各个方面。行星传动不仅适用于高转速、大功率,而且在低转速、大转矩的条件下也得到了广泛应用。目前行星传动技术已经成为各国机械传动发展的重点之一。

(2) 行星齿轮传动的主要缺点是,对材料要求苛刻、结构复杂、制造和装配比较困难。但随着我国对行星传动技术的深入了解以及对国外技术的引进和吸收,已使其传动性能和均载方式都得到完善,生产工艺水平不断提高。实践表明,在具有中等技术水平的齿轮加工厂中是完全可以制造出性能优良的行星传动减速器的。

(3) 行星齿轮传动的偏载程度可以用偏载系数 K_P 来描述,K_P 值在很大程度上取决于传动构件的制造精度、传动载荷的大小、支承构件的刚度、齿轮材料和齿面硬度、工作齿面的跑合状态、轮齿的啮合速度、行星轮数目以及均载机构的性能等。提高制造精度、增加传动载荷、使工作齿面得到良好的跑合等都会使 K_P 值降低;反之,随着轮齿啮合速度的提高、行星轮数目的增加等都会使 K_P 值升高。

(4) 在行星齿轮传动中,采用均载机构能够补偿传动过程中的多种误差,但这种补偿不能代替传动系统必要的制造与装配精度,过低的精度会降低均载效果,引起振动与噪声,严重时会导致传动的失效。因此,均载机构的选择和设计应使传动系统的整体结构简单、具有良好的服役可靠性和运行平稳性、较高的承载能力和传动效率以及较低的生产和维护成本。

第9章 直升机行星齿轮传动系统偏载行为分析与计算

行星齿轮传动机构具有的体积小、质量轻、噪声低、运行平稳、承载能力高、使用寿命长等优点,是航空发动机所要求的基本条件,因此在航空领域,行星传动已得到了广泛应用。但是,一旦行星齿轮传动系统达到了某种程度的偏载状态,其载荷环境将被恶化,将严重影响整个传动系统的运行平稳性和服役可靠性。对于航空发动机而言,传动系统的任何故障都可能导致生命与财产的重大损失,因此对这种行星齿轮传动所特有的、无法避免的偏载特性来说,应该对其进行深刻了解并采取有效的预防措施。

9.1 直升机减速器简介

某双发动机直升机的主旋翼减速器如图 9-1 所示,它将发动机输出的转速进行两级减速并最终传递给主旋翼。第一级减速由螺旋锥齿轮副完成,实现两侧输入功率的融合。第二级减速由行星齿轮传动系统完成,最终行星架作为减速器的输出构件将动力传递给螺旋桨。减速器的额定工作条件为:两侧的输入功率分别为 200 kW,输入转速为 4 200 r/min。

①—功率输入端;②—螺旋锥齿轮副;③—中间轴;④—行星齿轮系;⑤—功率输出端。

图 9-1 某直升机主旋翼减速器

其中,行星齿轮传动系统为典型的 NGW 型,其结构布置如图 9-1 所示。在行星架上安装了 3 个均匀分布的行星轮,太阳轮与中间轴连接,内齿轮与箱体固定。行星齿轮传动的功率流向为中间轴、太阳轮、行星轮、行星架,最终传递给螺旋桨。行星齿轮系的详细参数如表 9-1。

表 9-1 行星齿轮系参数

参数	太阳轮	行星轮	内齿轮
模数/mm	4	4	4
齿数	30	16	63
压力角/(°)	20	20	20
螺旋角/(°)	0	0	0
齿宽/mm	30	30	30
齿厚/mm	6.66	6.66	6.60
基节/mm	11.81	11.81	11.81
变位系数	0.12	0.12	0.10
齿根圆角半径/mm	2.24	2.43	1.37
齿根粗糙度 $Rz/\mu m$	10	10	10
ISO 质量等级	6	6	6
材料	20CrMnTi	20CrMnTi	20CrMnTi
渗碳层深度/mm	0.8±0.13	0.8±0.13	0.8±0.13
表面硬度 HRC	59~63	59~63	59~63
芯部硬度 HRC	35~48	35~48	35~48

9.2 齿轮啮合次数计算

为了对行星齿轮传动系统进行详细的偏载分析与可靠度计算,需要获得各个构件的相对运动关系。根据行星齿轮系的运动学方程(8-14)可以得到如下简化公式:

$$\begin{cases} \omega_S + p\omega_R - (1+p)\omega_C = 0 \\ \omega_P - \dfrac{1+p}{1-p}\omega_C + \dfrac{2p}{1-p}\omega_R = 0 \end{cases} \tag{9-1}$$

　　根据式(9-1)可以得到太阳轮、行星轮和内齿轮分别与行星架的相对角速度,相应的运动学参量见表9-2。其中,"一"表示旋转方向相反,n_P 为行星轮的数量,行星齿轮传动系统的输入速度 ω_S 为已知条件。在时间 t 内,如果齿轮上每个轮齿都经历了 k 次啮合,那么定义齿轮在时间 t 内的啮合次数为 k,齿轮在失效前的啮合次数就是其寿命。

表9-2　行星齿轮系运动学参量

构件	绝对角速度	相对角速度	啮合次数
太阳轮	ω_S	$\dfrac{p}{1+p}\omega_S$	$\dfrac{p\cdot\omega_S\cdot n_P\cdot t}{1+p}$
行星轮	$\dfrac{1}{1-p}\omega_S$	$\dfrac{2p}{1-p^2}\omega_S$	$\dfrac{4p\cdot\omega_S\cdot t}{p^2-1}$
内齿轮	0	$-\dfrac{1}{1+p}\omega_S$	$\dfrac{\omega_S\cdot n_P\cdot t}{1+p}$
行星架	$\dfrac{1}{1+p}\omega_S$	0	

9.3　齿根弯曲应力计算

　　齿根弯曲疲劳断裂是齿轮最常见的失效形式之一。由于航空齿轮的模数一般较小,齿根弯曲疲劳强度相对较低。在行星齿轮传动中,一旦掉落的齿块将传动系统卡死,发动机可能会因过载而烧毁,或整个传动系统在瞬间损坏。因此这种失效形式对航空行星齿轮传动系统具有很大的破坏性,故本书将齿根弯曲疲劳强度作为行星齿轮传动系统的可靠性评定指标。

　　由最大齿根弯曲应力的表达式 $\sigma_F=\dfrac{2KT_1}{bd_1 m}Y_F Y_S Y_E$[公式符号意义见式(3-5)]得到的计算结果是受载齿侧齿根表面的最大拉应力值,它是轮齿在每次啮合过程中所能达到的应力峰值,同时将这时的啮合位置定义为该轮齿的危险啮合位置。在描述轮齿的载荷历程时,可以利用这些最大应力以一系列离散点的形式表达出来,这样不仅考虑到了影响齿轮可靠性的主要的载荷因素,而且会使仿真模型的计算任务显著减小,最终为保证仿真建模的完整性提供了空间。另外,旋转大师软件被用作应力计算的辅助工具,由于其强大的齿轮传动系统分析与计算能力而在工程实践中得到了广泛应用。它可以精确地建立行星齿轮传动系统的仿真模型,如图 9-1 所示,轴、轴承、行星架等关键构件的运动与变形对齿轮应力的影响可以有效地反映出来。对于最大齿根弯曲应力的计算,它以公式 $\sigma_F = \dfrac{2KT_1}{bd_1 m} Y_F Y_S Y_E$ 为基础,同时考虑摩擦力、离心力、热效应和支承构件的弹性变形等因素的影响,最终通过各种系数表达出来。

9.4 行星齿轮传动系统载荷特性分析与计算

9.4.1 均载特性分析

对于主旋翼减速器中的行星齿轮传动系统来说,在理想的制造精度和刚度条件下,太阳轮会同时与 3 个行星轮发生良好的啮合。在啮合力的作用下,行星轮发生了偏移,在笛卡尔坐标系下将齿轮的偏移量放大 150 倍,可以从图 9-2 中看到,所有行星轮的中心落在同一个圆上,即它们的偏移量相同。在这种状态下,作用在太阳轮上的径向力相互抵消,又由于内齿轮与箱体固定,因此太阳轮与内齿轮的中心始终保持重合。同时,在额定工况下,计算了行星齿轮传动中各个齿轮的最大齿根弯曲应力值,在均载状态下,应力的大小不随时间的变化而改变,太阳轮的应力为 289 MPa,内齿轮的应力为 258 MPa,载荷交替作用在行星轮轮齿的两侧,两边的应力相等都为 307 MPa。

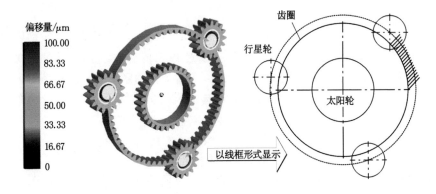

图 9-2 均载分析

9.4.2 偏载特性分析

如果双发动机直升机的一台发动机失灵,全部动力将由另一台发动机提供,那么在图 9-1 所示的齿轮减速器中,单侧螺旋锥齿轮副啮合力的作用会导致中间轴发生弯曲变形,如图 9-3 所示,在额定工况下其最大节点合位移达到了 92 μm。
变形使太阳轮发生径向和轴向偏移,其实际中心与理论中心不再重合,3 个行星轮
的中心不在同一个圆上,即它们的偏移量不再相等,如图 9-4 所示,图中齿轮的偏
移量被放大了 50 倍。这些偏移使轮齿之间产生不同程度的间隙和过盈,导致行星
轮间载荷分配不相等,进而使行星架也发生了非对称变形,如图 9-3 所示,整个行
星齿轮系发生了偏载。

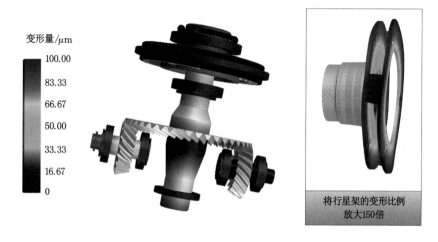

图 9-3　支承构件的变形

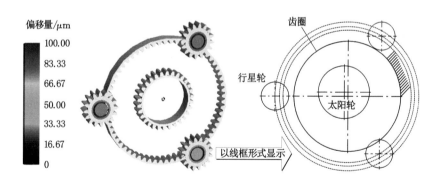

图 9-4　偏载分析

在不考虑功率损失的情况下,计算了行星轮在任意一个时刻的载荷分配结
果,见表 9-3。均载时,每个行星轮的传递功率相等且在运行过程中保持不变;
在偏载状态下,它们的传递功率明显不同且在运行过程中时刻变化。

表 9-3　行星轮载荷分配对比

构件	均载状态		偏载状态	
	功率/kW	扭矩/Nm	功率/kW	扭矩/Nm
输出轴	400	2 960.2	400	2 960.2
行星轮 1	133.3	986.7	80.3	594.6
行星轮 2	133.3	986.7	219.9	1 627.6
行星轮 3	133.3	986.7	99.7	737.9

同时,可以利用偏载系数来描述行星齿轮传动的偏载程度,以及传动系统在运行过程中的偏载状态变化。在行星架旋转一周的路径范围内,偏载系数 K_P 的变化情况如图 9-5(a)所示,每当行星架旋转 18° 记录一次偏载系数值,360° 范围内可以得到 21 个 K_P 值,同时得到它们的 B 样条曲线拟合结果。由此可见,当行星架旋转到不同的周向位置时,行星齿轮系的偏载程度是不同的。同时还可以发现,K_P 随着行星架每转过 $T_\theta = 130°$ 为一个变化周期,它的均值 $K_{Pave} = 1.52$。从图 9-5(b)中可以发现,随着输入总功率的增加,K_{Pave} 逐渐降低,这个计算结果与文献[53]中的试验结果相吻合。

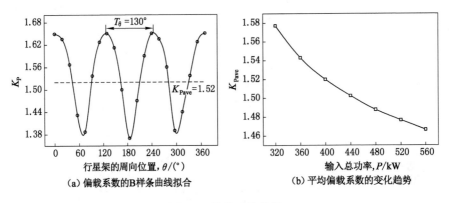

(a) 偏载系数的B样条曲线拟合　　　　(b) 平均偏载系数的变化趋势

图 9-5　偏载系数分析

现在已经知道,在偏载状态下,行星轮在不同的周向位置将会有不同的传递功率,即对于行星轮的轮齿来说,不同的危险啮合位置会有不同的最大齿根弯曲应力,即轮齿的最大齿根弯曲应力是危险啮合位置的函数。对于太阳轮其道理是相同的,而对于内齿轮来说情况会有一些区别。内齿轮与箱体固定,所有轮齿的周向位置也是固定的,因此它们所能达到的最大齿根弯曲应力值不会随着系统的运行而发生改变。在偏载状态下,可以计算得到内齿轮上各个轮齿的最大齿根弯曲应力值,计算方法如下。指定任意一个行星轮的任意一个轮齿为目标齿,根据表 9-2 中的运动学参量,可以计算得到目标齿依次与内齿轮轮齿发生危险啮合时行星架的旋转角度,然后将行星架的每一个周向位置作为行星齿轮系的一个载荷状态,使用旋转大师软件便可以计算得到每个载荷状态下对应的目标齿与内齿轮轮齿的最大齿根弯曲应力值(旋转大师软件能够准确识别行星架的变化角度),相应的计算结果如图 9-6 所示。

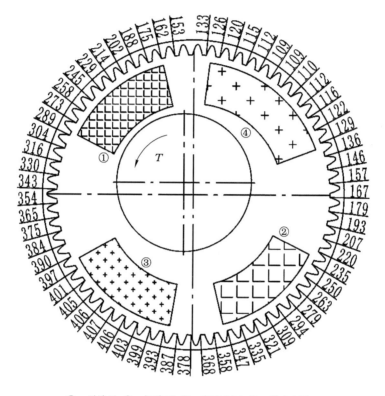

①—干涉区;②—间隙区;③—高应力区;④—低应力区。

图 9-6　内齿轮载荷计算与分析

由于该行星齿轮传动系统的输入转速方向是恒定的,因此太阳轮的偏移方向也是固定不变的。那么,在太阳轮偏移方向的前方将形成"干涉区",后方形成"间隙区",如图 9-6 所示,干涉区的轮齿侧隙要小于间隙区的侧隙。同时从图中可以发现,最高应力不在干涉区,而是在干涉区向间隙区过渡的地方,在那里形成了高应力区,在另一侧形成了低应力区。在逆时针方向上,从低应力区向高应力区应力逐渐增大,反之逐渐减小。从采用升降法的齿轮试验获知,20CrMnTi 渗碳齿轮的弯曲疲劳极限大约为 390 MPa,因此在偏载状态下,内齿轮上有 16%的轮齿应力大于其疲劳极限,并且最大值超过疲劳极限 4%,因此,这些轮齿将会成为影响内齿轮可靠性的关键部位。

9.5 轮齿载荷分析与计算

通过仿真结果能够知道,两个相互啮合的轮齿的最大齿根弯曲应力存在正比例关系,因此根据内齿轮的载荷情况可知,当太阳轮和行星轮的轮齿进入高应力区时,它们的最大齿根弯曲应力将逐渐增大,离开时又会逐渐减小。由于齿轮的旋转运动,太阳轮与行星轮的轮齿危险啮合位置并不固定,如果它们的某些轮齿经常在高应力区啮合,则这些轮齿将成为影响齿轮系统可靠性的关键部位。为了精确地预测行星齿轮传动系统的可靠性,需要对这种关键轮齿的存在性做详细讨论。

首先考虑太阳轮,太阳轮关键轮齿分析如图 9-7 所示。太阳轮逆时针旋转,图中被填充的轮齿为目标齿,目标齿的初始位置为 P1,也是它的第一个危险啮合位置。根据表 9-2 中的运动学参量可以计算得到,当太阳轮转过 177°时,目标齿会到达它的第二个危险啮合位置 P2;太阳轮继续旋转,目标齿将到达它的第三个危险啮合位置 P3,P2 与 P3 之间的角度同样为 177°。也就是说,每当太阳轮旋转 177°时,目标齿就会到达一次它的危险啮合位置,其他危险啮合位置如图 9-7(d)所示。可以看到,太阳轮目标齿的危险啮合位置均匀分布在整个圆周上,平均分布在高、低应力区。根据行星轮的均布装配形式,可知太阳轮上其他轮齿的啮合情况与目标齿的相同。最终可以得到结论,在偏载状态下,太阳轮上不存在影响自身可靠性的关键轮齿。同时依次计算了目标齿的 50 个最大齿根弯曲应力值,如图 9-8(a)所示,这是一个高、低应力交替的脉动循环载荷历程,50 个应力值已经足够反应目标齿的载荷情况。

行星轮关键轮齿的分析方法与太阳轮的相同,行星轮目标齿与太阳轮和内齿轮交替啮合,相邻的两个危险啮合位置之间的夹角为 47°。结论也是相同的,在偏载状态下,行星轮上不存在影响自身可靠性的关键轮齿。同样地,依次计算了行星轮目标齿的 50 个最大齿根弯曲应力值,如图 9-8(b)所示,这是一个具有一定周期趋势的脉动循环应力历程,50 个应力值能够充分反映目标齿的载荷情况。另外,根据行星轮的中心对称装配形式,可知 3 个行星轮上的全部轮齿具有相同的载荷历程。

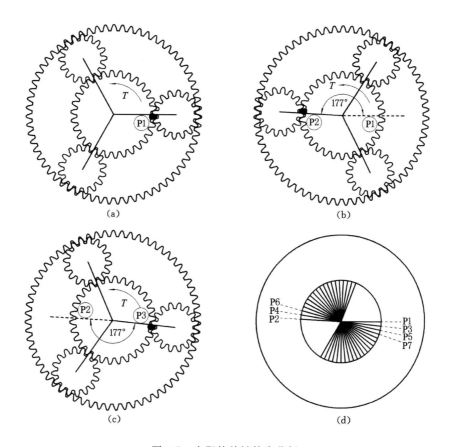

图 9-7 太阳轮关键轮齿分析

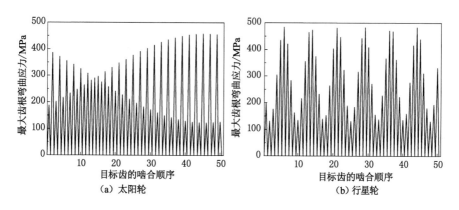

图 9-8 目标齿的应力历程

9.6　载荷的等效转化

为了有效地应用图 9-8 中的载荷历程对直升机行星齿轮传动系统进行偏载状态下的可靠性预测，需要使用 Miner 累积损伤理论将脉动循环载荷历程转化为等效恒幅循环应力。根据目标齿的载荷形式，可以将一次载荷造成的损伤记为 $D=1/N$，其中，N 为当前载荷水平下的疲劳寿命。那么，在变幅载荷下由 n 次载荷造成的损伤为 $D=\sum_{i=1}^{n}\frac{1}{N_i}$。由于轮齿的弯曲疲劳寿命一般较长，且图 9-8 中的载荷历程有高、低值交替出现的趋势，因此可以不必考虑载荷顺序效应而认为损伤临界值接近于 $1^{[188]}$。该行星齿轮传动系统的输入转速方向恒定，因此载荷始终作用于太阳轮轮齿的一侧，这种受载状态和试验齿轮的相同，因此图 9-8(a) 中的载荷历程可以根据轮齿中值 S-N 曲线转化为等效恒幅循环应力。但是对于行星轮来说，它们的轮齿承受着对称双向弯曲载荷，在相同载荷水平下，这种载荷形式造成的损伤要大于单侧受载的情况。因此在使用 Miner 法则时，需要将 S-N 曲线的纵坐标值降低 30% 以使单侧受载的轮齿强度转化为双侧受载的强度。通过最终的计算，太阳轮与行星轮的等效恒幅循环应力幅值分别为 366 MPa 和 391 MPa，分别比均载时高出 26.6% 和 27.3%，这表明了偏载确实恶化了行星齿轮传动系统的载荷环境。

9.7　本章小结

本章对 NGW 型行星齿轮传动系统由于支承构件的弹性变形导致的偏载问题进行了研究。同时，以某型号直升机主旋翼减速器中的行星齿轮传动系统为研究对象，详细分析了其偏载原因和偏载特性，并完成了各个齿轮在偏载状态下的载荷计算。在研究过程中获得的具体结论如下。

（1）在对齿轮的载荷谱采集过程中，使用一系列离散的应力特征值来反映载荷历程，这样大大减小了仿真模型的计算任务，从而保证了仿真建模的完整性。足够完整的仿真模型可以充分体现支承构件的弹性变形对齿轮应力的影响，也只有这样才能有效地完成行星齿轮传动系统的偏载分析与计算。

（2）在理想的制造精度和刚度条件下，行星齿轮传动系统会处于均载状态下，这时的太阳轮会同时与所有的行星轮发生良好的啮合，各个行星轮施加于太阳轮上的径向力将相互抵消。同时，计算了额定工况下各个齿轮的最大齿根弯曲应力值，明确了直升机行星齿轮传动系统在良好的均载状态下的应力等级。

（3）如果双发动机直升机中的一台发动机失灵，全部动力由另一台发动机提供，那么单侧螺旋锥齿轮副啮合力的作用会导致中间轴发生弯曲变形，在额定工况下其最大节点合位移达到 92 μm。变形使太阳轮发生径向和轴向偏移，其实际中心与理论中心不再重合，3 个行星轮的偏移量不再相等。这些偏移使轮齿之间产生不同程度的间隙和过盈，导致行星轮间载荷分配不再相等，进而使行星架也出现非对称变形，整个行星齿轮系发生偏载。

（4）在不考虑功率损失的情况下，计算了行星轮在任意一个时刻的载荷分配结果。均载时，每个行星轮的传递功率相等且在运行过程中保持不变；而在偏载状态下，它们的传递功率明显不同且在运行过程中时刻变化。

（5）利用偏载系数描述了行星齿轮传动系统的偏载程度，以及传动系统在运行过程中的偏载状态变化。当行星架旋转到不同的周向位置时，行星齿轮系的偏载程度是不同的，偏载系数 K_P 随着行星架每转过 $T_\theta = 130°$ 为一个变化周期，它的均值 $K_{Pave} = 1.52$。另外，随着输入总功率的增加，K_{Pave} 逐渐降低，这个计算结果与试验结果相吻合。

（6）在偏载状态下，行星轮在不同的周向位置将会有不同的传递功率，也就是说，对于行星轮的轮齿来说，不同的危险啮合位置会有不同的最大齿根弯曲应力，即轮齿的最大齿根弯曲应力是其危险啮合位置的函数。对于太阳轮，其道理是相同的，而对于内齿轮来说会有一些不同。内齿轮与箱体固定，所有轮齿的周向位置也是固定的，因此它们的最大齿根弯曲应力不会随着齿轮系统的旋转运动而发生变化。同时使用旋转大师软件计算了偏载状态下内齿轮上各个轮齿的最大齿根弯曲应力值，确定了内齿轮的偏载受力状态。

（7）在偏载状态下，太阳轮偏移方向的前方形成了"干涉区"，后方形成了"间隙区"，干涉区的轮齿侧隙要小于间隙区的侧隙。另外，轮齿的最高应力不在干涉区，而是在干涉区向间隙区过渡的地方，在那里形成了高应力区，在其对侧形成了低应力区，这也说明了齿侧间隙并不是影响齿根弯曲应力的直接因素。在逆时针方向上，从低应力区向高应力区，轮齿应力逐渐增大，反之逐渐减小。在偏载状态下，内齿轮上有 16% 的轮齿应力大于其疲劳极限，并且最大值超过疲劳极限 4%，因此，这些轮齿将会成为影响内齿轮可靠性的关键部位。

（8）与内齿轮不同，在偏载状态下，太阳轮和行星轮上都不存在影响自身可靠性的关键轮齿。通过最终的计算，太阳轮与行星轮的等效恒幅循环应力幅值分别为 366 MPa 和 391 MPa，分别比均载时高出 26.6% 和 27.3%，这表明了偏载确实恶化了行星齿轮传动系统的载荷环境。另一方面，这种等效恒幅循环应力也为直升机行星齿轮传动系统的可靠性预测模型提供了载荷输入变量。

第 10 章 直升机行星齿轮传动系统 疲劳可靠性预测方法

航空领域的可靠性研究工作必不可少,尤其对于航空发动机及相关的动力传输系统而言,它们的任何失效形式都可能导致机毁人亡的恶性事故。通过对某直升机行星齿轮传动系统的偏载分析可知,当主旋翼仅由一台发动机提供动力时,行星齿轮传动将会由于支承构件的弹性变形而发生偏载。偏载会恶化行星齿轮传动系统的载荷环境,使轮齿的应力增加,降低了齿轮及整个传动系统的可靠性。在常规构型直升机中,齿轮传动系统无法通过增加冗余度来避免故障,因此对这种高速、重载的齿轮传动系统来说,准确掌握其可靠性是十分必要的。

由于行星齿轮传动系统的偏载问题是无法避免的,而偏载对其可靠性的影响又是显著的,因此准确建立两者的定量关系将具有显著的实际意义。这种关系可用于行星齿轮传动的可靠性分析与设计,指导其维护和维修方案的制定,同时可作为航空动力传输系统可靠性评估的重要依据。本章对某直升机行星齿轮传动系统在偏载状态下的可靠性进行了预测。

10.1 齿轮与轮齿的概率寿命转化

对于直升机行星齿轮传动系统来说,轮齿弯曲疲劳断裂是导致动力传输系统失灵的主要的原因之一,因此本章以这种失效模式作为行星齿轮传动系统可靠性分析与寿命界定的标准。

通过对某直升机行星传动的偏载分析与载荷谱计算,我们已经得到了各个齿轮的轮齿载荷信息,如果再能获得相关轮齿的强度信息,便可以实现对行星齿轮传动系统的可靠性预测。然而,为了获得有效的试验数据,我们使用功率流封闭式齿轮旋转试验机,得到了特定齿轮的寿命数据而并非轮齿的寿命信息,因此还需要找到一个精确有效的方法来建立两者之间的关系。考虑到轮齿弯曲疲劳这种失效模式,在正常的工作条件下,轮齿的弯曲疲劳断裂一般会首先发生在齿轮的某一个轮齿上,然后再向邻近的轮齿蔓延,因此可以将一个齿轮看成由若干轮齿组成的串联系统,任意一个轮齿首先失效都将影响到整个齿轮的传动功能。

由此可以利用最小次序统计量的概念建立齿轮和轮齿之间的概率寿命关系。

任何一个轮齿的断裂都将使齿轮丧失良好的传动能力,可以这样认为,齿轮的寿命取决于各个轮齿的最小寿命(首断齿的寿命)。将最小次序统计量的概念应用于齿轮的这种失效形式中,假设 $X_1, X_2, \cdots, X_Z$ 是来自母体 X 的样本,那么 $X_{\min} = \min(X_1, X_2, \cdots, X_Z)$ 则为母体的最小次序统计量。或者可以这样描述,从母体中抽出 n 个样本,然后选出样本中的最小值,将这两个动作重复下去,最后由最小值构成的概率分布则为该母体的最小次序统计量分布。根据这个概念,齿轮的概率寿命就等于轮齿的概率寿命的最小次序统计量,它们的关系如图 10-1 所示。在相同的载荷水平下,强度高的轮齿寿命较长,强度弱的轮齿寿命较短,因此,轮齿强度的随机性导致其寿命的分散性较大;而齿轮的寿命取决于最弱轮齿的寿命,因此其寿命分布会相对集中一些。

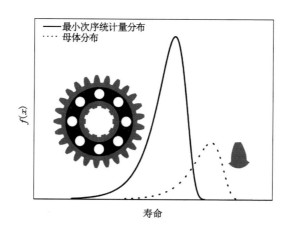

图 10-1　齿轮与轮齿之间的概率寿命关系

如果 X 的概率密度函数为 $f(x)$,累积分布函数为 $F(x)$,那么最小次序统计量的概率密度函数为:

$$g_{\min}(x) = z\left[1 - F(x)\right]^{z-1} f(x) \tag{10-1}$$

轮齿的弯曲疲劳寿命可以用两参数威布尔分布函数表示,其概率密度函数为:

$$f(x) = \frac{\beta x^{\beta-1}}{\theta^\beta} \exp\left[-\left(\frac{x}{\theta}\right)^\beta\right] \tag{10-2}$$

相应的累积分布函数可以表示为:

$$F(x) = 1 - \exp\left[-\left(\frac{x}{\theta}\right)^\beta\right] \tag{10-3}$$

式中,β 和 θ 分别为形状参数和尺度参数。

将式(10-2)与式(10-3)代入式(10-1),并整理得:

$$g_{\min}(x) = \frac{\beta x^{\beta-1}}{(\theta/z^{1/\beta})^{\beta}}\exp\left[-\left(\frac{x}{\theta/z^{1/\beta}}\right)^{\beta}\right] \tag{10-4}$$

如果一个齿轮上的齿数用 z 表示,那么 $g_{\min}(x)$ 刚好为齿轮寿命的概率密度函数,从函数的形式上可以看出,齿轮的寿命分布同样服从两参数威布尔分布,它的形状参数为 $\beta_{\min}=\beta$,尺度参数变为 $\theta_{\min}=\theta/z^{1/\beta}$。同时,从参数之间的对应关系上可以发现,随着齿数的增多,齿轮的寿命会逐渐降低。在概率意义上,这种规律刚好与串联系统的失效规律相吻合,即在串联系统中,构成系统的零件数量越多,系统发生失效的可能性越大。另一方面,齿数导致的这种概率特性也刚好符合首断齿的失效规律。不同于其他失效形式,例如齿面接触疲劳失效一般会同时出现在多个轮齿上,因此齿数的概率特性并不会表现得十分明显。由此可见,最小次序统计量概念能够很好地反映出轮齿弯曲疲劳失效的规律,同时也是一个建立齿轮与轮齿之间概率寿命关系的简单而有效的方法。

根据齿轮与轮齿之间的寿命参数关系,可以将齿轮试验中得到的各个应力等级下的齿轮寿命分布转化为轮齿寿命分布,同时,将横坐标以对数形式表示,并采用最小二乘法拟合出轮齿的 P-S-N 曲线,如图 10-2 所示(见下页),相应的参数见表 10-1。由曲线的线性相关系数 R^2 可以发现,不同应力等级下的相同可靠度分位点具有较高的线性相关性,因此可以认为这样得到的轮齿弯曲疲劳 P-S-N 曲线具有较高的使用价值。

表 10-1 轮齿 P-S-N 曲线参数

P-S-N 曲线	曲线方程 $y=a+bx$	R^2
可靠度为 90% 的 S-N 曲线(左)	$a=1\,348.5, b=-123.3$	0.937
可靠度为 50% 的 S-N 曲线(中)	$a=1\,528.2, b=-146.1$	0.939
可靠度为 10% 的 S-N 曲线(右)	$a=1\,692.7, b=-167.1$	0.938

10.2 转化思想有效性验证

利用最小次序统计量的概念,建立了齿轮与轮齿之间的概率寿命关系。在对它们的转化过程中,充分反映了轮齿弯曲疲劳的失效特点与概率特性,可以说这种转化方法在理论上是合理的。由于它是直升机行星齿轮传动系统可靠性预测的最关键的步骤之一,因此有必要对这种方法的数值计算精度做进一步的验证。

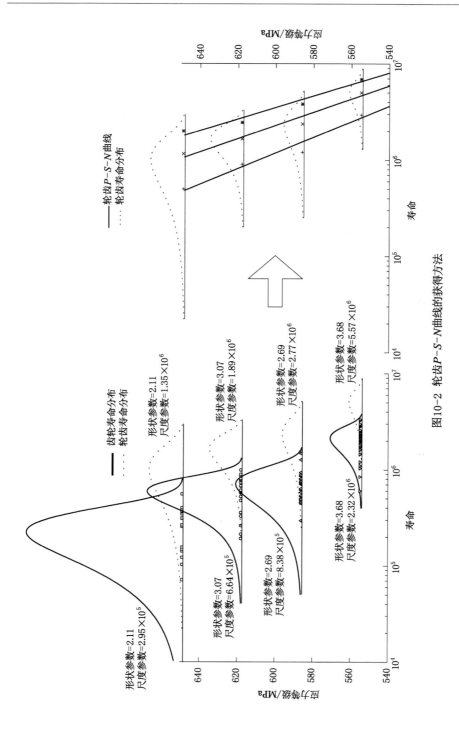

图10-2　轮齿P-S-N曲线的获得方法

在进行寿命试验的过程中,一些试样发生了失效,便可知它们的失效时间,将这些时间称为失效数据;而当试验在规定的条件下结束时,有些试样并未失效,这样便可知它们的寿命是大于试验时间的,将这些时间称为截尾数据。失效数据和截尾数据统称为随机截尾数据,对随机截尾数据进行统计分析可以对上述转化思想的有效性进行验证。

在齿轮弯曲疲劳试验中,当任意一个轮齿失效时电机将会停止运转,这样便获得了一个轮齿的失效数据和这个齿轮上其他轮齿的截尾数据,将这些轮齿随机截尾数据进行统计分析与计算也可以得到轮齿的概率寿命,进而可将其与转化模型的轮齿寿命结果进行对比验证。

最大似然估计法在处理随机截尾数据方面具有明显的优势,并且在齿轮试验中得到了大量的随机截尾数据,因此使用这种方法对数据进行分布参数估计十分适合。疲劳寿命分布一般可以用两参数威布尔分布表示,其累积分布函数见式(10-3),其中 β 和 θ 为待估参数。随机截尾数据可以被表示为 (t_1,δ_1),(t_2,δ_2),$\cdots$,(t_n,δ_n),其中,t_i 为第 i 个试样的寿命数据。当 $\delta_i=1$ 时 t_i 为失效数据,当 $\delta_i=0$ 时 t_i 为截尾数据,那么,β 和 θ 的似然函数见式(10-5)[189]:

$$L(\beta,\theta) = \prod_{i=1}^{n} (f(t_i,\beta,\theta))^{\delta_i} (1-F(t_i,\beta,\theta))^{1-\delta_i} \tag{10-5}$$

β 的最大似然估计为式(10-6)的根,这是一个复杂的隐函数,需要用牛顿迭代法求解。

$$\frac{1}{\beta} + \frac{\sum_{i=1}^{n}\delta_i \ln t_i}{\sum_{i=1}^{n}\delta_i} - \frac{\sum_{i=1}^{n}t_i^{\beta}\ln t_i}{\sum_{i=1}^{n}t_i^{\beta}} = 0 \tag{10-6}$$

当 β 求解后,θ 的最大似然估计可由式(10-7)求解:

$$\theta = \left(\sum_{i=1}^{n}t_i^{\beta} / \sum_{i=1}^{n}\delta_i \right)^{1/\beta} \tag{10-7}$$

在齿轮试验中,最先失效的轮齿几乎都发生在主动齿轮上,因此,将主动齿轮作为寿命分析的对象。如一个试验齿轮由 25 个轮齿组成,由它产生的轮齿寿命随机截尾数据就由 1 个失效数据和 24 个截尾数据组成。在图 4-9(b)中,由最高应力等级的 17 个齿轮寿命数据可以得到轮齿寿命的 17 个失效数据和 408 个(17×24)截尾数据,将这些数据采用文献[189]中的方法进行处理,最终,随机截尾模型与转化模型得到的轮齿寿命分布对比如图 10-3 所示。由于随机截尾数据的样本量较大,因此其统计结果更加接近真实值。从图中可以看到,两条曲线的重合度很高,两者寿命均值的相对误差为 6.9%,寿命标准差的

相对误差为 9.7%,表明了转化思想可以有效地应用于行星齿轮传动系统的可靠性预测工作中。

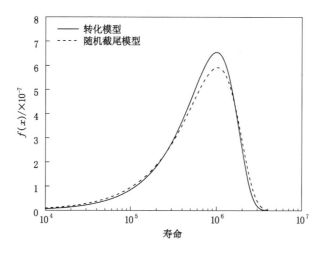

图 10-3 轮齿寿命的概率密度曲线对比

10.3 可靠性模型的建立

在建立可靠性模型之前,为了保证其预测精度,需要强调一下它的物理应用条件。对于两批材料与结构参数都相同的齿轮产品来说,它们的轮齿弯曲疲劳性能可能不同,这种差异主要来自热处理工艺。由于渗碳时的温度分布、浓度分布和时间等热处理条件无法达到完全一致,将在两批齿轮的齿根处形成不同的表面硬度和芯部硬度、硬化层深度和沿深度方向的硬度变化梯度、表面与次表面的残余应力状态等,这些因素会共同影响轮齿的弯曲疲劳寿命与可靠性。对于一个齿轮来说,它的热处理条件是唯一的,因此有理由认为一个齿轮上各个轮齿的疲劳寿命在相同的应力等级下为独立同分布随机变量,甚至对于同一批相同的齿轮来说,它们的轮齿寿命也可以看成来自同一个母体。这种对于轮齿寿命独立同分布的要求是将最小次序统计量的概念应用于齿轮的前提条件,也是可靠性模型预测精度的重要保证。对于行星齿轮传动系统而言,所有的齿轮一般出自同一批齿轮产品,又由于所有齿轮的模数相同,承载能力相同,因此可以认为它们的轮齿疲劳寿命在指定应力等级下是服从同一个分布的。根据上述讨论和对齿轮试样的特殊要求,我们可以在可观的预测精度下认为,齿轮试样与行星齿轮传动系统中的齿轮其轮齿寿命随机变量都来自同一个母体,更进一步,两者的疲劳性能与载荷条件越相近,对行星齿轮传动系统可靠性预测的精度就会越高。

在得到了轮齿弯曲疲劳的 P-S-N 曲线后,行星齿轮传动系统中各个齿轮在偏载状态下的可靠度便可以容易地得到。对于太阳轮,根据其等效恒幅载荷谱,可以得到其轮齿寿命的累积分布函数 $F_S(x)$,又由于太阳轮上所有轮齿的载荷历程相同,因此根据可靠度乘积定律,太阳轮的可靠度可以表达为:

$$R_S(x) = [1 - F_S(x)]^{z_S} \tag{10-8}$$

式中,z_S 为太阳轮的齿数,自变量 x 代表齿轮的寿命。

同理,行星轮的可靠度表达式为:

$$R_P(x) = [1 - F_P(x)]^{z_P} \tag{10-9}$$

式中,$F_P(x)$ 为应力等级 σ_P 下的轮齿寿命累积分布函数,z_P 为行星轮的齿数。

对于内齿轮来说,有 9 个轮齿的应力超过了其疲劳极限,它们是影响内齿轮可靠性的敏感轮齿,因此内齿轮的可靠度表达式为:

$$R_R(x) = [1 - F_{R1}(x)][1 - F_{R2}(x)] \cdots [1 - F_{R9}(x)] \tag{10-10}$$

式中,$F_{Ri}(x)$ 为应力等级 σ_{Ri} 下的轮齿寿命累积分布函数。

最终,行星齿轮传动系统的可靠度表达式为:

$$R_{sys} = R_S \cdot R_P^{n_P} \cdot R_R \tag{10-11}$$

式中,n_P 为行星轮的数量。

将式(10-8)、式(10-9)和式(10-10)代入式(10-11)得到式(10-12):

$$R_{sys}(x) = [1 - F_S(x)]^{z_S} [1 - F_P(x)]^{z_P n_P} [1 - F_{R1}(x)][1 - F_{R2}(x)] \cdots$$
$$[1 - F_{R9}(x)] \tag{10-12}$$

在式(10-12)中,每个分布函数的自变量代表了不同齿轮的载荷作用次数,然而,行星传动中每个齿轮的角速度是不同的,因此在相同的时间 t 内它们的载荷作用次数也不同。为了统一式(10-12)中的自变量,可将表 10-2 中的轮齿啮合频数代入公式如下:

$$R_{sys}(t) = \left[1 - F_S\left(\frac{p \cdot \omega_S \cdot n_P \cdot t}{1+p}\right)\right]^{z_S} \left[1 - F_P\left(\frac{4p \cdot \omega_S \cdot t}{p^2 - 1}\right)\right]^{z_P n_P} \left[1 - F_{R1}\left(\frac{\omega_S \cdot n_P \cdot t}{1+p}\right)\right] \cdots$$
$$\left[1 - F_{R9}\left(\frac{\omega_S \cdot n_P \cdot t}{1+p}\right)\right] \tag{10-13}$$

同时,将两参数威布尔分布函数代入式(10-13)得:

$$R_0(t) = \exp\left\{-z_S \left[\frac{p \cdot \omega_S \cdot n_P \cdot t}{(1+p)\theta_S}\right]^{\beta_S} - z_P n_P \left[\frac{4p \cdot \omega_S \cdot t}{(p^2-1)\theta_P}\right]^{\beta_P} - \right.$$
$$\left. \left(\frac{\omega_S \cdot n_P \cdot t}{(1+p)\theta_{R1}}\right)^{\beta_{R1}} \cdots - \left(\frac{\omega_S \cdot n_P \cdot t}{(1+p)\theta_{R9}}\right)^{\beta_{R9}}\right\} \tag{10-14}$$

式中,β_* 和 θ_* 为应力等级 σ_* 下轮齿寿命分布的形状参数和尺度参数。

式(10-14)即为行星齿轮传动系统在偏载状态下的可靠性预测模型,它也可以用于均载状态的可靠性预测,只需要把均载状态下的载荷代入模型即可。最终,行星齿轮传动系统在额定工况下运行 500 h 的可靠度预测结果见表 10-2 和表 10-3。

表 10-2　偏载状态的可靠度预测

构件	(应力等级,MPa),轮齿寿命参数	可靠度
太阳轮	$(366), \beta=2.15, \theta=4.92\times10^7$	97.236%
行星轮	$(391), \beta=2.42, \theta=2.86\times10^7$	96.621%
内齿轮	$(397), \beta=2.20, \theta=4.42\times10^7 (401), \beta=2.25, \theta=3.98\times10^7$ $(405), \beta=2.29, \theta=3.64\times10^7 (406), \beta=2.31, \theta=3.52\times10^7$ $(407), \beta=2.32, \theta=3.46\times10^7 (406), \beta=2.31, \theta=3.52\times10^7$ $(403), \beta=2.27, \theta=3.84\times10^7 (399), \beta=2.22, \theta=4.26\times10^7$ $(393), \beta=2.15, \theta=4.92\times10^7$	99.792%
齿轮系统		87.526%

表 10-3　均载状态的可靠度预测

构件	(应力等级,MPa),轮齿寿命参数	可靠度
太阳轮	$(289), \beta=1.32, \theta=3.07\times10^8$	99.765%
行星轮	$(307), \beta=2.22, \theta=2.26\times10^8$	98.997%
内齿轮	$(258), \beta=1.15, \theta=4.34\times10^8$	99.999%
齿轮系统		96.792%

在均载状态下,行星齿轮传动系统的可靠度为 96.792%,接近同类齿轮系统可靠度的要求[190];而在偏载状态下,它的可靠度降到 87.526%,偏载使行星齿轮传动系统的可靠度下降了 9.266%。同时可以发现,无论是在均载状态还是在偏载状态下,行星轮都是影响齿轮系统可靠性的关键构件,而内齿轮的可靠度会相对高些。总之,偏载确实恶化了行星齿轮传动的载荷环境,增加了轮齿发生弯曲疲劳断裂的风险。另一方面,从航空传动系统的实际情况考虑,本章的可靠度预测结果偏低,原因是所使用的齿轮试样的材料强度相对于实际的航空齿轮材料偏低,如果能使两者的材料性能一致,势必会增加预测结果的真实性。

10.4　本章小结

本章完成了某型号直升机行星齿轮传动系统的可靠性预测,以轮齿弯曲疲劳强度为可靠性评价指标,通过理论分析与模型计算得到了行星齿轮传动系统分别在偏载状态和均载状态下的可靠度,同时得到了以下结论。

（1）齿轮的弯曲疲劳失效一般会从其中一个轮齿开始,然后将这种失效形式传递到邻近的轮齿,最终发展到整个齿轮。对于这种失效形式,利用最小次序统计量的概念能够有效地实现齿轮与轮齿之间的概率寿命转化,同时还能建立不同齿数的齿轮之间的概率寿命关系,对这种关系的利用能够有效减小齿轮疲劳试验的工作量。

（2）齿轮试样的参数与行星齿轮系中齿轮的参数十分接近,这种特定齿轮的弯曲疲劳试验为可靠性模型提供了准确的强度输入信息,因此在可靠性建模过程中,可以回避对齿轮的尺寸效应、表面效应以及应力集中效应等因素的考虑。这种试验与模型相结合的研究方法,不但简化了理论模型的形式,还保证了预测结果的精度。

（3）可靠性模型的预测结果表明,偏载会明显降低行星齿轮传动系统的可靠性。另外,根据行星传动的偏载计算,建立了偏载系数与可靠度之间的定量关系。在均载状态下,偏载系数 $K_P=1$,行星齿轮传动系统的可靠度为 96.792%;而当偏载发生时,在平均偏载系数 $K_{Pave}=1.52$ 的条件下,其可靠度下降到 87.526%。本书计算的航空行星齿轮传动系统的可靠度偏低,是因为考虑到经济原因,试验齿轮的材料强度要比实际航空齿轮的差,但整体的研究方法对于相应的齿轮系统可靠性预测来说还是行之有效的。

（4）当双发动机直升机只在一台发动机的牵引下工作时,行星齿轮传动系统的载荷环境将会恶化,这将增加轮齿发生弯曲疲劳断裂的风险。由于行星轮的齿数较少,啮合频数较高,加之其轮齿双侧受载,因此它是影响齿轮系统可靠性的敏感构件。但是内齿轮却不同,它的内啮合形式能够有效降低齿根弯曲应力,所以在追求航空行星齿轮减速器轻量化设计时,可以适当减小内齿轮的齿宽。

参 考 文 献

[1] LI M,XIE L Y,DING L J. Load sharing analysis and reliability prediction for planetary gear train of helicopter[J]. Mechanism and machine theory, 2017,115:97-113.

[2] QIU X H,HAN Q K,CHU F L. Load-sharing characteristics of planetary gear transmission in horizontal axis wind turbines[J]. Mechanism and machine theory,2015,92:391-406.

[3] MO S,ZHANG Y D,WU Q,et al. Load sharing behavior analysis method of wind turbine gearbox in consideration of multiple-errors[J]. Renewable energy,2016,97:481-491.

[4] MO S,ZHANG Y D,WU Q. Research on multiple-split load sharing of two-stage star gearing system in consideration of displacement compatibility[J]. Mechanism and machine theory,2015,88:1-15.

[5] ERICSON T M,PARKER R G. Experimental measurement of the effects of torque on the dynamic behavior and system parameters of planetary gears[J]. Mechanism and machine theory,2014,74:370-389.

[6] 傅惠民. 三参数幂函数回归分析[J]. 航空动力学报,1994,2:186-190.

[7] 罗毅,高镇同. 疲劳寿命可靠性分析模型[J]. 机械强度,1994,3:64-66.

[8] 江涛,陈建军,刘德平. 一种简洁的模糊-随机干涉模型可靠度计算公式[J]. 机械科学与技术,2005,7:835-838,878.

[9] 谢里阳,王正. 随机恒幅循环载荷疲劳可靠度异量纲干涉模型[J]. 机械工程学报,2008,44(1):1-6.

[10] KECECIOGLU D,CHESTER L B,GARDNE E O. Sequential cumulative fatigue reliability[C]. Los Angeles:Annual reliability and maintainability symposium,1974.

[11] XIE L Y. Equivalent life distribution and fatigue failure probability prediction[J]. International journal of pressure vessels and piping,1999, 76(4):267-273.

[12] LUTES L D. Stochastic analysis of structural and mechanical vibrations. [M]. New Jersey: Prentice-Hall, 1997.

[13] BENASCIUTTI D, TOVO R. Cycle distribution and fatigue damage assessment in broad-band non-Gaussian random processes[J]. Probabilistic engineering mechanics, 2005, 20(2): 115-127.

[14] 徐灏. 概率疲劳[M]. 沈阳: 东北大学出版社, 1994.

[15] 熊峻江, 高镇同. 稳态循环载荷下疲劳/断裂可靠性寿命估算[J]. 应用力学学报, 1997, 14(3): 14-18.

[16] 周迅, 俞小莉, 李迎. 随机载荷作用下的曲轴工作可靠性分析[J]. 农业机械学报, 2006, 37(10): 149-152, 131.

[17] HE Z M, LOH H T, XIE M. A two-dimensional probability model for evaluating reliability of piezoelectric micro-actuators[J]. International journal of fatigue, 2007, 29(2): 245-253.

[18] 胡俏, 徐灏, 谢里阳. 疲劳应力统计分布与可靠度计算模型[J]. 机械工程学报, 1994, 30(2): 105-110.

[19] 林文强, 谢里阳. 随机疲劳可靠度预测的状态分析方法研究[J]. 航空学报, 2003, 24(6): 534-536.

[20] KARADENIZ H. Uncertainty modeling in the fatigue reliability calculation of offshore structures[J]. Reliability engineering and system safety, 2001, 74(3): 323-335.

[21] PETRYNA Y S, PFANNER D, STANGENBERG F. Reliability of reinforced concrete structures under fatigue[J]. Reliability engineering and system safety, 2002, 77(3): 253-261.

[22] 李超, 赵永翔, 王金诺. 评价寿命统计分布的信息量模拟[J]. 核动力工程, 2004, 25(6): 509-513.

[23] 黄洪钟, 孙占全, 郭东明, 等. 随机应力模糊强度时模糊可靠性的计算理论[J]. 机械强度, 2001, 23(3): 305-307.

[24] 董玉革. 机械模糊可靠性设计[M]. 北京: 机械工业出版社, 2000.

[25] 吕震宙, 刘成立, 徐友良. 模糊随机可靠性综合方法在涡轮盘可靠性分析中的应用[J]. 航空发动机, 2005, 31(4): 20-24.

[26] 赵永翔, 彭佳纯, 杨冰, 等. 考虑疲劳本构随机性的结构应力疲劳可靠性分析方法[J]. 机械工程学报, 2006, 42(12): 36-41.

[27] 王光远, 张鹏. 工程结构及系统的模糊可靠性分析[M]. 南京: 东南大学出版社, 2001.

[28] WANG H Y,KIM N H. Safety envelope for load tolerance and its application to fatigue reliability design[J]. Journal of mechanical design,2006,128(4):919-927.

[29] JOHN C D,MICHAEL R I,ALAN C M,et al. Risk-based approaches to ageing and maintenance management[J]. Nuclear engineering and design,1998,184(1):27-38.

[30] 江龙平,徐可君,隋育松,等.考虑非临界损伤时机械系统可靠性评估新方法:系统退化法.机械强度,2001,23(3):293-295,355.

[31] 谢里阳.可靠性问题中的非完全失效和非整数阶失效研究:2001年中国机械工程学会年会暨第九届全国特种加工学术年会论文集[C].北京:机械工业出版社,2001.

[32] CHARLESWORTH W W,RAO S S. Reliability analysis of continuous mechanical systems using mutistate fault trees[J]. Reliability engineering and system safety,1992,37(3):195-206.

[33] XIE L Y,WU N X,QIAN W X. Time domain series system definition and gear set reliability modeling[J]. Reliability engineering and system safety,2016,155:97-104.

[34] Yang Q J. Fatigue test and reliability design of gears[J]. International journal of fatigue,1996,18(3):171-177.

[35] ZHANG Y M,LIU Q L,WEN B C. Practical reliability-based design of gear pairs[J]. Mechanism and machine theory,2003,38:1363-1370.

[36] ZHANG G Y,WANG G Q,LI X F,et al. Global optimization of reliability design for large ball mill gear transmission based on the Kriging model and genetic algorithm[J]. Mechanism and machine theory,2013,69:321-336.

[37] NEJAD A R,GAO Z,MOAN T. On long-term fatigue damage and reliability analysis of gears under wind loads in offshore wind turbine drive trains[J]. International journal of fatigue 2014,61:116-128.

[38] LI Y F,VALLA S,ZIO E. Reliability assessment of generic geared wind turbines by GTST-MLD model and Monte Carlo simulation[J]. Renewable energy,2015,83:222-233.

[39] GUERINE A,HAMI A E,WALHA L,et al. A perturbation approach for the dynamic analysis of one stage gear system with uncertain parameters[J]. Mechanism and machine theory,2015,92:113-126.

[40] MABROUK I B,HAMI A E,WALHA L,et al. Dynamic response analysis of vertical axis wind turbine geared transmission system with uncertainty[J]. Engineering structures,2017,139:170-179.

[41] NEJAD A R,GAO Z,MOAN T. On long-term fatigue damage and reliability analysis of gears under wind loads in offshore wind turbine drivetrains[J]. International journal of fatigue,2014,61:116-128.

[42] MATSUOKA T,KOBAYASHI M. The Go-flow reliability analysis methodology analysis of common cause failures with uncertainty[J]. Nuclear engineering and design,1997,175:205-214.

[43] XIE L Y. Pipe segment failure dependence analysis and system failure probability estimation[J]. International journal of pressure vessel and piping,1998,75(6):483-488.

[44] XIE L Y. A knowledge based multi-dimension discrete common cause failure model[J]. Nuclear engineering and design,1998,183:107-116.

[45] HIDAKA T,TERAUCHI Y. Dynamic behavior of planetary gear:1st report load distribution in planetary gear[J]. Bulletin of the JSME,1976, 19(132):690-698.

[46] HIDAKA T,TERAUCHI Y,DOHI K. On the relation between the run-out errors and the motion of the center of sun gear in a stoeckicht planetary gear[J]. Bulletin of the JSME,1979,22:748-754.

[47] HIDAKA T,TERAUCHI Y,NAGAMURA K. Dynamic behavior of planetary gear:7th report influence of the thickness of ring gear[J]. Bulletin of the JSME,1979,22:1142-1149.

[48] MULLER H W. Epicyclic drive trains[M]. Detroit:Wayne State University Press,1982.

[49] SEAGER D L. Load sharing among planet gears[C]. Automotive Engineering Congress and Exposition,1970.

[50] KASUBA R,AUGUST R. Torsional vibrations and dynamic loads in a basic planetary gear system[J]. Journal of vibration and acoustics,1986, 108(3):348-353.

[51] MA P,BOTMAN M. Load sharing in a planetary gear stage in the presence of gear errors and misalignments[J]. Journal of mechanisms,transmissions, and automation in design,1985,107(1):4-10.

[52] JARCHOW F. Development status of epicyclic gears[C]. Chicago:ASME

International Power Transmission and Gearing Conference,1989.

[53] HAYASHI T,LI X Y,HAYASHI I,et al. Measurement and some discussions on dynamic load sharing in planetary gears[J]. Bulletin of the JSME, 1986,29:2290-2297.

[54] KAHRAMAN A. Load sharing characteristics of planetary transmissions [J]. Mechanism and machine theory,1994,29(8):1151-1165.

[55] KAHRAMAN A,VIIAVAKAR S. Effect of internal gear flexibility on the quasi-static behavior of a planetary gear set[J]. Journal of mechanical design,2001,123:408-415.

[56] A BODAS,KAHRAMAN A. Influence of carrier and gear manufacturing errors on the static load sharing behavior of planetary gear sets[J]. JSME international journal,2004,47(3):908-915.

[57] SINGH A. Application of a system level model to study the planetary load sharing behavior[J]. Journal of mechanical design,2005,127:469-476.

[58] HANUMANNA D,NARAYANAN S,KRISHNAMURTHY S. Bending fatigue testing of gear teeth under random loading[J]. Journal of mechanical engineering science,2001,215(7):773-784.

[59] 李铭,谢里阳,张宇,等.齿轮的概率寿命预测与弯曲疲劳试验[J].机械工程学报,2017,53(18):169-175.

[60] DISNEY R L,SHETH N J,LIPSON C. The determination of the probability of failure by stress/strength interference theory[J]. Proceeding of annual symposium on reliability,1968,12:55-62.

[61] CORNELL C A. A probability-based structural code[J]. Journal of the American Concrete Institute,1969,66(2):15-25.

[62] HASOFER A M,LIND N C. An exact and invariant first-order reliability format[J]. American society of civil engineers,1974,100(1):1-2.

[63] KECECIOGLU D. Fatigue prevention and reliability[J]. Proc ASME, 1978,19:285-309.

[64] RACKWITZ R,FIESSLER B. Structural reliability under combined random load sequences[J]. Computers and structures,1978,9(5):489-494.

[65] 赵国藩.结构可靠度分析中一次二阶矩法的研究[J].大连工学院学报, 1984,23(2):31-36.

[66] BREITUNG K. Asymptotic approximation for multinormal integrals[J]. Journal of engineering mechanics,1984,110(3):357-366.

[67] 李云贵,赵国藩.广义随机空间内的结构可靠度渐近分析方法[J].水利学报,1994,8:36-41.

[68] 贡金鑫,仲伟秋,赵国藩.结构可靠指标的通用计算方法[J].计算力学学报,2003,1:12-18.

[69] RAO S, G DAS. Reliability based optimum design of gear trains[J]. Journal of mechanical design,1984,106(1):17-22.

[70] 吴波.齿轮可靠性模型及其可靠度计算[J].机械传动,1988,12(6):11-14.

[71] VAGIN N S,DEULIN E A, USOV A B. Design calculation of a hermetically sealed harmonic gear transmission and prediction of its reliability when working in vacuum[J].Soviet engineering research,1989,9(11):7-9.

[72] KAZUTERU N, YOSHIO T, SIGIT Y M, et al. Study on gear bending fatigue strength design based on reliability engineering:reliability estimation of bending fatigue strength of supercarburized steel gear[J]. JSME International journal,1992,35(1):142-151.

[73] 陶晋,王小群.40Cr调质齿轮弯曲强度可靠性试验研究[J].北京科技大学学报,1997,19(5):482-484.

[74] HE X,OYADIJI S O. Study of practical reliability estimation method for a gear reduction unit[J]. Proceedings of the IEEE international conference on systems,1999,1:1948-1953.

[75] KROL I A, ARONZON A N. The method of reliability estimation for a mechanism containing electric drive connected to gear reducer [J]. Elektrotekhnika,2004,8:26-29.

[76] Guo Z G, Feng Y W, Hang W, et al. Reliability analysis of extending-retracting lock system of landing gear[J]. Progress in safety science and technology,2004,4:608-612.

[77] SARPER H. Reliability analysis of descent systems of planetary vehicles using bivariate exponential distribution[C]. Alexandria:Annual Reliability and Maintainability Symposium,2005.

[78] 胡青春,段福海,吴上生.封闭行星齿轮传动系统的可靠性研究[J].中国机械工程,2007,2:146-149.

[79] 孙淑霞,孙志礼,李良巧,等.基于威布尔分布和极限状态理论的齿轮传动可靠性设计[J].组合机床与自动化加工技术,2007,7:11-13.

[80] 秦大同,邢子坤,王建宏,等.基于动力学的风力发电齿轮传动系统可靠性评估[J].重庆大学学报(自然科学版),2007,30(12):1-6.

[81] 吴上生,段福海,胡青春. 系统参数配置对多级行星齿轮传动可靠性的影响[J]. 机械设计,2007,24(10):43-46.

[82] 岳玉梅,王正,谢里阳.考虑载荷作用次数的齿轮可靠度计算模型[J]. 东北大学学报(自然科学版),2008,29(12):1754-1756,1786.

[83] LV S Z,LIU H N,ZHANG D W,et al. Reliability Calculation Model of Gears Considering Strength Degradation[J]. 2009 IEEE 16th international conference on industrial engineering and engineering management,2009: 1200-1203.

[84] SYZRANTSEVA K V. Development of a method to calculate the strength reliability of tooth gears based on the fatigue resistance when the teeth bend[J]. Journal of machinery manufacture and reliability,2009,38(6): 552-556.

[85] MCKENNA K G,CAREY J,LEON N Y,et al. High performance industrial gear lubricants for optimal reliability[J]. American gear manufacturers association fall technical meeting,2009,10:195-210.

[86] UTKIN V S. Contact-strength estimates of the reliability of conical gears with limited statistical information[J]. Russian engineering research, 2010,30(1):7-10.

[87] YANG Z,ZHANG Y M,ZHANG X F,et al. Reliability-Based Sensitivity Design of Gear Pairs with Non-Gaussian Random Parameters[J]. Applied mechanics and materials,2011,10:121-126.

[88] LI C,ZHAO G B,HAN X. A Method of Reliability Sensitivity Analysis for Gear Drive System[J]. Applied mechanics and materials,2011,10:130-134.

[89] DENG S,HUA L,HAN X H,et al. Finite element analysis of contact fatigue and bending fatigue of a theoretical assembling straight bevel gear pair[J]. Journal of central south university,2013,20(2):279-292.

[90] FARAVELLI L. Response surface approach for reliability analysis[J]. Journal of engineering mechanics,1989,115(12):2763-2781.

[91] WONG F S. Slope reliability and response surface method[J]. Journal of geotechnical engineering division,1985,111(1):32-53.

[92] KIM S H,NA S W. Response surface method using vector projected sampling points[J]. Structural safety,1997,19(1):3-19.

[93] HORNIK K,STINCHCOMBE M,WHITE H. Multi-layer feed-forward networks are universal approximators[J]. Neural networks,1989,2(5):

359-366.

[94] HORNIK K,STINCHCOMBE M,WHITE H. Universal approximation of an unknown mapping and its derivatives using multi-layer feed-forward networks[J]. Neural networks,1990,3(5):551-560.

[95] CARDALIAGUET P,EUVRAND G. Approximation of a function and its derivatives with a neural network [J]. Neural networks, 1992, 5 (2): 207-220.

[96] LI X. Simultaneous approximations of multivariate functions and their derivatives by neural networks with one hidden layer[J]. Neurocomputing, 1996,12(4):327-343.

[97] GARRETT J H J. Where and why artificial neural networks are applicable in civil engineering [J]. Journal of computing in civil engineering, 1994, 8(2):129-130.

[98] GOH A T C,KULHAWY F H. Neural network approach to model the limit state surface for reliability analysis[J]. Canadian geotechnical journal, 2003,40(6):1235-1244.

[99] CHAPMAN O J V,CROSSLAND A. D. Neural networks in probabilistic structural mechanics[M]. Chapman & Hall,1995.

[100] PAPADRAKAKIS M, PAPADOPOULOS V, LAGAROS N D. Structural reliability analysis of elastic-plastic structures using neural networks and Monte Carlo simulation [J]. Computer methods in applied mechanics and engineering,1996,136(1-2):145-163.

[101] HURTADO J E, ALVAREZ D A. Neural-network-based reliability analysis:a comparative study[J]. Computer methods in applied mechanics and engineering,2001,191(1-2):113-132.

[102] DENG J,YUE Z Q,THAM L G,et al. Pillar design by combining finite element methods, neural networks and reliability: a case study of the Feng Huangshan copper mine,China[J]. International journal of rock mechanics and mining sciences,2003,40(4):585-599.

[103] KRIGE D G. A statistical approach to some mine valuations and allied problems at the Witwatersrand [D]. Witwatersrand: University of Witwatersrand,1951.

[104] MATHERON G. Principles of geo-statistics [J]. Economic geology, 1963,58:1246-1266.

［105］ GIUNTA A A. Aircraft multidisciplinary design optimization using design of experiments theory and response surface modeling［D］. Blacksburg： Virginia Polytechnic Institute and State University,1997.

［106］ LOPHAVEN S N,NIELSEN H B,SøNDERGAARD J. Surrogate modeling by Kriging［M］. Copenhagen：Technical University of Denmark,2003.

［107］ ROMERO V J,SWILER L P,GIUNTA A A. Construction of response surfaces. based on progressive-lattice-sampling experimental designs with application to uncertainty propagation［J］. Structural safety,2004, 26(2)：201-219.

［108］ KAYMAZ I. Application of kriging method to structural reliability problems［J］. Structural safety,2005,27(2)：133-151.

［109］ 张崎.基于 Kriging 方法的结构可靠性分析及优化设计［D］.大连：大连理工大学,2005.

［110］ 谢延敏,于沪平,陈军,等.基于 Kriging 模型的可靠度计算［J］.上海交通大学学报,2007,2：177-180,193.

［111］ 陈志英,任远,白广忱,等.粒子群优化的 Kriging 近似模型及其在可靠性分析中的应用［J］.航空动力学报,2011,26 (7)：1522-1530.

［112］ ECHARD B,GAYTON N,LEMAIRE M. AK-MCS：An active learning reliability method combining Kriging and Monte Carlo Simulation［J］. Structural safety,2011,33(2)：145-154.

［113］ ECHARD B,GAYTON N,LEMAIRE M,et al. A combined importance sampling and Kriging reliability method for small failure probabilities with time-demanding numerical models［J］. Reliability engineering & system safety,2013,111：232-240.

［114］ 刘瞻,张建国,王灿灿,等.基于优化 Kriging 模型和重要抽样法的结构可靠度混合算法［J］.航空学报,2013,34(6)：1347-1355.

［115］ TOBE T,KATO M,INOUE K. Effects on the Inclination of the Root on the Deflection of Gear Teeth：In Japanese［J］. Transactions of the Japan society of mechanical engineers,1973,39：3473-3480.

［116］ CORNELL R W. Compliance and stress sensitivity of spur gear teeth ［J］. ASME journal of mechanical design,1981,103(2)：447-459.

［117］ TERAUCHI Y, NAGAMURA K. Study on deflection of spur gear teeth：1st Report［J］. Bull JSME,1980,23(184)：1682-1688.

［118］ TERAUCHI Y, NAGAMURA K. Study on deflection of spur gear teeth:2nd Report[J]. Bull JSME,1980,24(188):1682-1688.

[119] 程乃士,刘温.用平面弹性理论的复变函数解法精确确定直齿轮轮齿的挠度[J].应用数学和力学,1985,6(7):619-632.

[120] 程乃士,刘温.计算机求解渐开线齿轮齿廓的保角映射函数[J].应用数学和力学,1988,9(11):1037-1044.

[121] 程乃士,孙大乐.齿轮应力和位移分析的保角映射法[J].机械传动,1992,16(1):40-46.

[122] 魏任之,张永忠,史兴虹.关于直齿圆柱齿轮轮齿受载变形量的计算[J].齿轮,1980,4:1-8.

[123] 姚文席,魏任之.渐开线直齿轮的啮合冲击研究[J].振动与冲击,1990,9(4):57-61,25.

[124] COY J J,CHAO C H C. A method of selecting grid size to account for Hertz deformation in finite element analysis of spur gears[J]. Journal of mechanical design,1981,104(4):759-764.

[125] 李润方,龚剑霞.接触问题数值方法及其在机械设计中的应用[M].重庆:重庆大学出版社,1991.

[126] 丁玉成,王建军,李润方.直齿轮接触有限元分析及轮齿热弹变形[J].重庆大学学报(自然科学版),1987,2:1-9.

[127] 李润方,王建军.平面二次包络弧面蜗杆传动有限元分析[J].计算结构力学及其应用,1984,1:85-90.

[128] SAINSOT P,VELEX P,DUVERGER O. Contribution of gear body to tooth deflections:A new bidimensional analytical formula[J]. Journal of mechanical design,2004,126(4):748-752.

[129] CHAARI F,FAKHFAKH T,HADDAR M. Analytical modelling of spur gear tooth crack and influence on gearmesh stiffness[J]. European journal of mechanics a-solids,2009,28(3):461-468.

[130] CHEN Z G,SHAO Y M. Dynamic simulation of spur gear with tooth root crack propagating along tooth width and crack depth[J]. Engineering failure analysis,2011,18(8):2149-2164.

[131] 崔玲丽,张飞斌,康晨晖,等.故障齿轮啮合刚度综合计算方法[J].北京工业大学学报,2013,39(3):353-358.

[132] 马辉,逄旭,宋溶泽,等.基于改进能量法的直齿轮时变啮合刚度计算[J].东北大学学报(自然科学版),2014,35(6):863-866,884.

[133] 万志国,訾艳阳,曹宏瑞,等.时变啮合刚度算法修正与齿根裂纹动力学建

模[J]. 机械工程学报,2013,49(11):153-160.

[134] CHEN Z G,SHAO Y M. Mesh stiffness calculation of a spur gear pair with tooth profile modification and tooth root crack[J]. Mechanism and machine theory,2013,62:63-74.

[135] SIGG H. Profile and Longitudinal Corrections on Involute Gears[M]. Alexandria:American Gear Manufacturers Association,1965.

[136] CONRY T F,SEIREG A. A Mathematical Programming Technique for Evaluation of Load Distribution and Optimum Modification for Gear System[J]. Journal of manufacturing science and engineering,1973, 95(4):1115-1122.

[137] 杨廷力,王玉璞,叶新,等. 渐开线高速齿轮的齿向修形[J]. 齿轮,1982,4: 1-11.

[138] 李敦信. 高速齿轮的修形[J]. 齿轮,1982,3:25-35.

[139] YOSHINO H,EZOE S,MUTA Y. Studies on 3-D tooth-Surface modification of helical gears:transmission error and tooth bearing of gears with modified tooth surface[J]. Transactions of the Japan society of mechanical engineers series,1995,61(591):4457-4463.

[140] 孙月海,张策,熊光彤,等. 减小齿轮传动误差波动的渐开线直齿轮齿廓修形研究[J]. 天津大学学报(自然科学与工程技术版),2001,2:214-216.

[141] BAJER A,DEMKOWICZ L. Dynamic contact/impact problems,energy conservation,and planetary gear trains[J]. Computer methods in applied mechanics and engineering,2002,191(37-38):4159-4191.

[142] WANG J,HOWARD I. A further study on High Contact Ratio Spur Gears in mesh with double scope tooth profile modification[J]. Proceedings of the ASME International design engineering technical conferences and computers,2008,7:255-262.

[143] HOWARD I,JIA S X,WANG J D. The dynamic modelling of a spur gear in mesh including friction and a crack[J]. Mechanical systems and signal processing,2001,15(5):831-853.

[144] 袁哲,孙志礼,王丹,等. 基于遗传算法的直齿圆柱齿轮修形优化减振[J]. 东北大学学报(自然科学版),2010,31(6):873-876.

[145] 吴勇军,王建军,韩勤锴,等. 基于接触有限元分析的斜齿轮齿廓修形与实验[J]. 航空动力学报,2011,26(2):409-415.

[146] WU Y J,WANG J J,HAN Q K. Static/dynamic contact FEA and

experimental study for tooth profile modification of helical gears[J].
Journal of mechanical science and technology,2012,26(5):1409-1417.

[147] FAGGIONI M,SAMANI F S,BERTACCHI G,et al. Dynamic optimization of
spur gears[J]. Mechanism and machine theory,2011,46(4):544-557.

[148] 马辉,逄旭,宋溶泽,等. 考虑齿顶修缘的齿轮-转子系统振动响应分析
[J]. 机械工程学报,2014,50(7):39-45.

[149] MA H,YANG J,SONG R Z,et al. Effects of tip relief on vibration
responses of a geared rotor system[J]. Proceedings of the institution of
mechanical,2014,228(7):1132-1154.

[150] MCKAY M D,BECKMAN R J,CONOVER W J. Comparison the three
methods for selecting values of input variable in the analysis of output
from a computer code[J]. Technometrics,1979,21(2):239-245.

[151] American Society for Metals. Metals handbook 8th edition[M]. State of
Ohio:Metals Park,1973.

[152] ISO 2006:ISO 6336-3. Calculation of load capacity of spur and helical
gears-part 3:calculation of tooth bending strength[S],[2006-09-01].
Switzerland:2006.

[153] SHENG L,ANUSHA A. A tribo-dynamic contact fatigue model for spur
gear pairs[J]. International journal of fatigue,2017,98:81-91.

[154] J W SEO,H K JUN,S J KWON,et al. Rolling contact fatigue and wear
of two different rail steels under rolling-sliding contact[J]. International
journal of fatigue,2016,83(2):184-194.

[155] SAVARIA V, BRIDIER F, BOCHER P. Predicting the effects of
material properties gradient and residual stresses on the bending fatigue
strength of induction hardened aeronautical gears [J]. International
journal of fatigue,2016,85:70-84.

[156] HUANG K J,LIANG C C,CHEN J Y. Time varying approaches to
dynamic analysis of a planetary gear system using a discrete and a
continuous models[J]. ASME 2007 international design engineering
technical conferences and computers,2008,7:451-458.

[157] RISTIVOJEVIC M,LAZOVIC T,VENCL A. Studying the load carrying
capacity of spur gear tooth flanks[J]. Mechanism and machine theory,
2013,59:125-137.

[158] BOX G,BEHNKEN D. Some new three level designs for the study of

quantitative variables[J]. Technometrics,1960,2(4):455-476.

[159] 盛骤,谢式千,潘承毅.概率论与数理统计[M].4 版.北京:高等教育出版社,2008.

[160] HASTINGS W K. Monte Carlo sampling methods using Markov chains and their application[J]. Biometrika,1970,57(1):97-109.

[161] METROPOLIS N,ROSENBLUTH A W,ROSENBLUTH M N,et al. Equation of state calculations by fast computing machines[J]. Journal of chemical physics,1953,21(6):1087-1092.

[162] LI S T. Effects of machining errors,assembly errors and tooth modifications on loading capacity,load-sharing ratio and transmission error of a pair of spur gears[J]. Mechanism and machine theory,2007,42(6):698-726.

[163] 佟操,孙志礼,马小英,等.考虑安装与制造误差的齿轮动态接触仿真[J]. 东北大学学报(自然科学版),2014,35(7):996-1000.

[164] AU S K,BECK J L. A new adaptive importance sampling scheme for reliability calculations[J]. Structural safety,1999,21(2):135-158.

[165] HAMMERSLEY J M,HANDSCOMB D C. Monte Carlo methods[M]. London:Methuen,1964.

[166] RUBINSTEIN R Y. Simulation and the Monte Carlo method[M]. Hoboken:John Wiley & Sons,1981.

[167] AU S K,BECK J L. Important sampling in high dimensions[J]. Structural safety,2003,25(2):139-163.

[168] AU S K. Reliability-based design sensitivity by efficient simulation[J]. Computers & structures,2005,83(14):1048-1061.

[169] SONG S F,LU Z Z,QIAO H W. Subset simulation for structural reliability sensitivity analysis[J]. Reliability engineering & system safety, 2009,94(2):658-665.

[170] SACKS J,WELCH W J,MITCHELL T J,et al. Design and analysis of computer experiments[J]. Statistical science,1989,4(4):409-423.

[171] SCHUEREMANS L,Van GEMERT D. Benefit of splines and neural networks in simulation based structural reliability analysis[J]. Structural safety,2005,27(3):246-261.

[172] RAJASHEKHAR M R,ELLINGWOOD B R. A new look at the response surface approach for reliability analysis[J]. Structural safety, 1993,12(3):205-220.

［173］GAYTON N,BOURINET J M,LEMAIRE M. CQ2RS:a new statistical approach to the response surface method for reliability analysis［J］. Structural safety,2003,25(1):99-121.

［174］佟操,孙志礼,杨丽,等. 一种基于 Kriging 和 Monte Carlo 的主动学习可靠度算法［J］. 航空学报,2015,36(9):2992-3001.

［175］杨洋,魏静,孙伟. 齿轮轴承转子系统支撑刚度特性研究［J］. 机械设计与制造,2013,10:13-16.

［176］王庆. 齿轮系统动态设计［M］. 北京:气象出版社,2014.

［177］KUANG J H,LIN A D. Theoretical aspects of torque responses in spur gearing due to mesh stiffness variation［J］. Mechanical systems and signal processing,2003,17(2):255-271.

［178］袁哲. 齿轮振动可靠性与修形减振策略研究［D］. 沈阳:东北大学,2010.

［179］爱德华·L. 威尔逊. 结构静力与动力分析［M］. 北京:中国建筑工业出版社,2006.

［180］林家浩,张亚辉. 随机振动的虚拟激励法［M］. 北京:科学出版社,2004.

［181］HAYM B,SEON M H. Probability models in engineering and science ［M］. Leiden:CRC Press,2005.

［182］闻邦椿,李以农,韩清凯. 非线性振动理论中的解析方法及工程应用［M］. 沈阳:东北大学出版社,2001.

［183］LI J Y, HU Q C. Power Analysis and Efficiency Calculation of the Complex and Closed Planetary Gears Transmission ［J］. Energy procedia, 2016,100:423-433.

［184］SALGADO D R,del CASTILLO J M. Analysis of the transmission ratio and efficiency ranges of the four-,five-,and six-link planetary gear trains ［J］. Mechanism and machine theory,2014,73:218-243.

［185］COOLEY C G,PARKER R G. Mechanical stability of high-speed planetary gears［J］. International journal of mechanical sciences,2013,69:59-71.

［186］A. TERRIN,C. DENGO,G. MENEGHETTI. Experimental analysis of contact fatigue damage in case hardened gears for off-highway axles［J］. Engineering failure analysis,2017,76:10-26.

［187］GUO Y,LAMBERT S,WALLEN R,et al. Theoretical and experimental study on gear-coupling contact and loads considering misalignment, torque, and friction influences ［J］. Mechanism and Machine theory, 2016,98:242-262.

［188］ BUCH A. Fatigue strength calculation［M］. Switzerland：Trans Tech Publications，1988.

［189］ BALAKRISHNAN N，KATERI M. On the maximum likelihood estimation of parameters of Weibull distribution based on complete and censored data［J］. Statistics and probability letters，2008，78(17)：2971-2975.

［190］ 林左鸣. 世界航空发动机手册［M］. 北京：航空工业出版社，2012.